気仙沼ニッティング物語

いいものを編む会社

御手洗瑞子
mitarai tamako

新潮社

プロローグ

一ノ関から気仙沼に向かって、ごとごとと走る大船渡（おおふなと）線の単線列車に揺られながら、この原稿を書いています。内陸から海側へ、のんびりと山あいを走る二両編成のかわいい列車ですが、愛称は「ドラゴンレール」。夜には一両編成で走ることもあり、まっくら闇の中、ライトの光を上下させながら山を駆け抜けていく姿は、地元の人に言わせれば、ドラゴンというより「ネコバスのようだ」。

電線も鉄柱もなく、ただ一本の線路がくねくねと山の中に敷かれており、両脇からおおいかぶさるように茂る緑のあいまを列車は進みます。窓の外を見ていると、ずっと山と田んぼの景色が続くので、本当に港町に向かっているのかと不思議に感じるほど。

陸から行くと、山越え谷越え辺境の地となる気仙沼ですが、そこは、世界有数の遠洋漁業の港町。海に開け、世界中とつながっています。海の向こうから常に新しい人や文化が入ってきていたからか、気仙沼の人はオープンで、国際的で、どこかハイカラです。

昭和の初期、船旅の途中で立ち寄った高村光太郎が、気仙沼の町が想像していたよりずっと華やかで人々の服装もモダンなのに面食らったと手記に書いています。柳田國男の「雪国の春」に描かれるような世界を勝手に期待していたというので、開けた気仙沼の光景には衝撃を受けたのでしょう。

「はっはっは、俺たちは、そういうガラじゃねぇんだよ」

と豪快に笑い飛ばす気仙沼の海の男たちが目に浮かぶようで、思わずにやりとしてしまいます。

そんなことを考えているうちに、ごぉぉぉと唸りを上げながら列車が最後のトンネルに入りました。ぽっかり空いた先には、新緑で緑がかった光が見えています。これを抜けると、もうすぐ気仙沼。海風の吹く港町に到着です。

気仙沼ニッティング物語　いいものを編む会社　目次

4章　恐るべし、気仙沼　81

5章　てんやわんやニッティング　96

6章　気仙沼ニッティングで学ぶ意外なあれこれ　161

気仙沼ニッティング物語　いいものを編む会社

カバー写真　操上和美（「エチュード」赤の編み地）
表紙　著者（イラスト）
帯写真　長野陽一（著者近影。気仙沼港にて）
イラスト　木下綾乃（67頁と72頁の似顔絵）
文中写真　長野陽一（65頁、67頁、69頁、70頁上２点と下右２点、71頁上と中右と下）
操上和美（68頁全点）
吉次史成（72頁）

気仙沼ニッティング提供（ほかすべて）
地図　著者＆編集部
装幀　新潮社装幀部

1章　ブータンから気仙沼へ

あの日、ブータンで。

２０１１年3月11日、東日本大震災が起こったその瞬間、私はヒマラヤにあるブータンという国にいました。当時私はブータン政府に勤め、「首相フェロー」という職位の外国籍公務員として国の産業育成の仕事をしていたからです。震災の報を受けたのは、ブータンの観光局のカフェテリアにいるときです。東京にいる知人から「地震だ。大きい」というメッセージを1本もらい、なにごとかと驚いたものの、続くメッセージはなかなか来ません。心配になってツイッターを見ていると、お台場から煙が上がっている写真が流れてきました。日本でなにが起こっているのだろう。真っ青になる私を見て、ブータンの同僚たちが心配そうに声をかけてくれます。

「たまこ、どうしたの？」

「日本で、地震が起こったみたい。大きそう」

そう答えると、同僚たちは一瞬息を飲み、

「きっと大丈夫。家族の無事を祈っている」と肩を叩いてくれました。


この地震が東北を中心に起こり、凄まじい被害をもたらしていることを知ったのは、日が暮れてからでした。東京にいる家族の無事は早々に確認できたものの、その後インターネットで配信される日本の映像にはただただショックを受けました。すべての建物を飲みこんでいく黒い波、闇の中燃え上がる炎。あぜ道を逃げる車が波に飲まれてしまう映像を見たときは心がつぶれそうに痛くなり、思わずパソコンのディスプレイの前で手を合わせました。社会人1年目のとき東北で仕事をした経験があり、津波の被害を伝える映像の中には知っている街も出てきます。あの人たちは無事だろうか、彼らの暮らしはこれからどうなってしまうのだろう。ブータンと日本の間にある距離がもどかしく、その瞬間なんの力にもなれないことに無力感と歯がゆさを覚えていました。


「いまは、日本人として、日本のために働くべきときではないか」

と考えるようになったのは、この歯がゆさからかもしれません。

世界各地を旅するのが好きで、学生のころから国際協力の分野に興味を持ち、自然と「日本よりずっと大変な状況の国がある。そうした状況にある人たちの力になりたい」と考えるようになっていました。

ブータンは経済的には貧しいですが、同時に「人々の幸せを一番に考えた国づくりをする」という素晴らしいビジョンを掲げる国でもあります。そのブータンで、国のリーダーたちとともに、経済的自立を目指して産業育成をするという仕事は、大変やりがいのあるものでした。私はブータンにあっては外国人ですが、その中で周囲の信頼を得て仕事をしていく必要があります。そのためなおのこと、自分のことは考えず、「ブータンのためにはなにがよいか」ということだけを素直に考えるようにしていました。それが、東日本大震災以降はどうしても、「日本は大変な状況にある。自分は、日本人として、いまは日本のために働くべきではないか」という考えが頭から離れなくなってしまったのです。

２０１１年の夏ごろ、ブータン人の上司のところへ行きました。私の任期は8月末で終わる予定でしたが、この任期を終えたら契約を更新せず、日本に帰って東北の復興に尽力したいと打ち明けました。すると上司はにっこり笑って立ち上がり、

「たまこがその仕事をすることを、僕たちは仲間として誇りに思うよ。Good luck!」

と握手をしてくれました。思えば彼は、私が東北に行きたいと思っていることなどずっと前から気づいていたのかもしれません。ブータンの公務員として働きながら、なかなか自分

の個人的な思いを口に出せずにいた私は、「仲間として誇りに思う」という上司の言葉に心底ほっとし、勇気づけられました。

1年間のブータンでの勤務を終え、私は2011年の晩夏、日本に帰国しました。

気仙沼へ

日本に帰国してしばらくは、東北のとある自治体で、コンサルタントとして産業復興に関する仕事をしていました。あとは自治体の方々が中心となって実行していくという段階に入ったときに考え始めました。さて、次に私はなにをやろうか。

まだ震災から1年も経っていないそのときの東北は、復興からはほど遠く、沿岸部では倒壊したままの建物があちこちに残り、地盤沈下した地面に水がたまり、臭いも相当なものでした。道路も、建物も、壊れている。その光景に圧倒されましたが、壊れているのはモノだけではありませんでした。津波の被害を受けた地域では、工場や事務所も流されてしまい、多くの人が仕事を失っていました。仮設住宅に住み、支援を得て生活をしている人がたくさんいる。けれど、自らがんばる場所がなく、ただ人から何かをもらい生きていくのは、なかなか辛いことです。「すみません」「ありがとうございます」とずっと頭を下げ続けなくてはいけません。被災した地域の人々と話し、仕事がなく、自分の足で立つことのできない状況というのはこれほど辛く、自尊心を奪ってしまうものなのかと、痛感しました。長い目で考えると、被災した地域が復興していくためには、この地域の人たち自身が仕事をし、自ら稼ぎ、自分の足で立って生活していける循環を取り戻すことが必要だと感じました。

もちろん、「仕事をつくる」というのは、そう簡単なことではありません。道路や建物の復旧は、きちんと計画を立て、予算を当て、進捗（しんちょく）管理をしていけばいずれは達成できることでしょう。一方、仕事をつくり産業を育て、そこに暮らす人たちの生活のサイクルを取り戻すということは、トップダウンだけで成し遂げられることではありません。誰かが現場で、地に足をつけて事業・産業を育てる仕事をしなければ、なにも生まれない。でも、私になにができるだろう。

そんなことを考えているとき、ブータン時代から親交のあった糸井重里さんに会いました。それはブータンについての対談の仕事だったのですが、糸井さんも東北の復興に関わる活動をたくさんされていたので、話は自然とブータンのことから東北のことに移ってゆきました。そんなとき、腕組みをした糸井さんがにやにやしながら、唐突にこう言ったのです。

「気仙沼で編み物の会社をやりたいんだけどさ。たまちゃん、社長やんない？」

あまりに突然の言葉に、最初は冗談かと思いましたが、糸井さんはいたって真剣でした。

「ちょっと、考えてみてよ」

家に帰り、

「編み物の会社って、できるだろうか」

と考えましたが、そんな会社、見たこともないので、よくわかりません。

「私に社長が務まるだろうか」

とも考えましたが、やったことがないので、これもよくわかりません。


そんなことを悶々と考えているうちに、気仙沼や陸前高田で会った経営者の人たちの顔が浮かんできました。みんな突然の震災で会社を失い、それでも、どうにかできるところから会社を再開し、社員に給料を払い続けようと奮闘している人たちです。その人たちのことを思うと、事業の勝算や自身の適性なぞをぐるぐると考えて動けないでいる自分がだんだん恥ずかしくなってきました。

「やらなくてはいけないことがあるからやる。それだけだ」

それから、こう思いました。

「少なくとも、編み物の会社なら、明日にでも始められる」

そのころ、気仙沼や周辺の被災沿岸部の多くは地震の被害により地盤沈下しており、盛土(もりつち)をするまで建物を建てることができませんでした。そしてその地盤整備の工事には3〜4年かかると言われていました。新しい工場や施設を建てる必要のある事業は、そもそも始めることができません。でも、編み物なら、毛糸と編み針さえあればどこででも始めることができる。具体的にスタートできるアイデアでした。

「よし、やろう」と心に決めて、糸井さんに返事をしました。

こうして私は、気仙沼で編み物の会社を始めることになりました。もともと気仙沼出身だったわけでも、編み物が得意だったわけでもありません。わからないことだらけで、すべてが手探りです。

気仙沼では、地元のご家族のところに下宿させていただくことになりました。さんまの佃煮や海鮮丼などが人気の水産加工会社「斉吉商店」(さいきち)を営む、斉藤さんのご一家です。地元の方々からは「斉吉さん」と呼ばれています。斉吉さんもまた、津波で工場もご自宅も流されてしまったのですが、仮住まいとして借りているという家に、ご縁があって私も住まわせていただくことになりました。

気仙沼で、下宿をしながら、編み物の会社を起ち上げる。なにもかもが初めてのことばかりです。一体どうなるのでしょうか。新しい冒険の始まりです。

2章　毎日が発見！　気仙沼生活

なぜ気仙沼？

よく、なぜ気仙沼なのかと聞かれます。東北で被災した多くの地域の中で、なぜその地を選んだのか、と。もちろん直接的な理由は、前述したように、糸井さんに声をかけてもらったからです。でも、そもそもなぜ私自身が気仙沼に興味を持ち、そこで仕事をしたいと思ったかといえば、それは、気仙沼に友達がたくさんできたから。さらにいえば、気仙沼で会う人たちがみな魅力的で、こんな面白い人の多い街をもっと知りたいと、魅かれていたからです。

それまで私は、外資系のコンサルティング会社で外国人の上司のもとで働いたり、ブータンで仕事をしたりと、日本人以外の人と働くことがよくありました。人の習性や考え方、働き方は国によってさまざまなので、海外の人と働いているとつい「日本人ってこうだよね」

と他国の人と比較した勝手な日本人イメージを作ってしまいがちです。それはたとえば、「協調性はあるけれど、視線が内向き」とか「こつこつ改善するのは得意だけれど、リスクを取って新しいことにチャレンジするのは苦手」とか「がんばっていても、どこか自信がない」などです。また、「それは日本の水稲耕作に基づく農村文化に由来する」といった説に、そんなものかと思っていました。

ところが、気仙沼の人はこの「いわゆる日本人像」のことごとく逆をいくのです。いつも外に目が向いていて、感覚がグローバル。リスクを取って、どーんと大きなことにチャレンジできる。堂々としていて、どんな相手でもまっすぐに目を見て話す。もちろん私の印象にすぎないかもしれませんし、個人差はありますが、それでも外から気仙沼に来た人は、「日本にこんな人たちがいる街があるんだ！」と、おどろくことが多いと思います。私もそのひとりでした。

グローバルな感覚は、遠洋漁業の港町だからでしょう。なにしろ、気仙沼から出る船は、世界中の海で漁をします。

「この前出港したうちの船、いまケープ沖（南アフリカ共和国のケープタウン沖）を回っていて、これからラス・パルマス（西アフリカ沖のカナリア諸島の漁港）に向かうんだ」

「アメリカで買い付けたエサ用のイワシを、いまスリランカ沖に停泊中の漁船に運んでる」

なんていう話が日常会話の中で飛び交います。あっちの海で漁をし、こっちの港で水揚げする。世界の海を股にかける気仙沼の人たちの話は、いつも地球規模です。

「東京なんておっかねぇとこ行ったことねぇ」と言うおじいちゃんも「あ、ハワイ？　ハワイなら、よぐ行った」と笑います。漁師として船に乗っているときに、ハワイにもよく停泊したのだそうです。

ある知人の家を訪ねたときのこと。お茶を飲みながら、還暦を過ぎた彼女が身の上話をしてくれました。22歳で結婚したこと、だんなさんはガーナで水産関連の技術指導をしていたものの30代半ばで亡くなったこと、女手ひとつで子どもふたりを育てたこと。がっはっは、と豪快に笑いながら彼女は続けます。

「むかしはね、実印（じついん）といえば象牙（ぞうげ）だったの。アフリカなんかに行ったとき、お土産で、象牙もって帰ってくっから。あとね、カメレオンの剥製（はくせい）なんか、どこんちにもあったんだよ」

（……ど、どこんちにも、カメレオン。えっと、今はワシントン条約っていう……）

この他にも、子どものころは船乗りだった叔父さんが外国土産で買ってきてくれた英語の本をよく読んでいたとか、マヨネーズは瓶に入っているものだと思っていた（海外で買い付けてきたものしか知らなかった）などという話も聞きます。

「グローバル」という言葉には、もともと「球体の」という意味があります。船を通じて世界の海とつながっている気仙沼の人たちは、まさに地球をまるい球体として捉えているのかもしれません。

　また、大きな船を建造し、航海に出て、何か月もかけて遠くの漁場まで行き漁をすることは、大きなリスクを伴う仕事です。海が荒れれば命の危険すらあるでしょう。それに大漁となれば大きな稼ぎを得ることができますが、不漁のときだってあります。考えてみると、漁業が盛んな気仙沼の人たちは、農耕民族ではなく狩猟民族なのでしょう。その中でも遠洋漁業は、もっともハイリスク・ハイリターンの仕事とも言えます。気仙沼の人には胆力（たんりょく）があると感じます。相手の目を見据えて話すときのその目力（めぢから）、がっはっはと笑うその豪快さ、人生の不確定要素を飲み込むその度量。それはきっと気仙沼の人たちが、大きな自然と向き合い、自分の肚（はら）でものを決め、それぞれにリスクを取りながら生きてきたからこそ得られたものです。

　グローバルな狩猟民族。それは私の見た一面にすぎないかもしれませんが、日本にこんな人たちが住む街があるということが面白く、またこうした地域からこそ新しいことが始まる、そんなことを感じます。

斉吉さんのおうち

　玄関の扉を開け「こんにちはー」と声をかけると、「はーい」という大きな声とともに、おばあちゃんが出てきました。私よりも背が高く、姿勢の正しい、目に力のあるおばあちゃん。パーマをかけた白髪（はくはつ）に、花柄のシャツと前かけ。

「はじめまして、御手洗瑞子（みたらいたまこ）です。これからお世話になります。よろしくお願いします」

と挨拶をして頭を下げると、おばあちゃんはよくとおる声で、

「斉藤貞子です！　変な家ですが、どうぞよろしくお願いします！」

と返してくれました。そして家の中を振り返り、

「おじいさーん！　たまちゃんが来ましたよー！　おじいさんが名前を呼ぶ練習をしてた、たまちゃんが来ましたよーー!!」と大声で声をかけます。

　今度はおばあちゃんよりひとまわりかふたまわり小柄なおじいちゃんが出てきて、私の顔を見るとにっこり笑いました。つられて、私もにっこり笑いました。おじいちゃんは、穏やかな小さな声で話します。

「たまちゃん」

「はい」

「たまちゃん、ですね」

「はい」

「たまちゃんのことは、家族だと思ってますから。たまちゃんも、家族だと思って、遠慮なくしてください」

「はい、ありがとうございます！」

おばあちゃんは、そのやりとりを見て、うれしそうに笑っていました。

こうして、私の気仙沼での下宿生活が始まりました。

編み物の会社を始めようと気仙沼にやってきたのですが、私は東京生まれで、気仙沼に地縁血縁があるわけではありません。親しい知り合いが多いわけではないですし、右も左もわからない。それに震災で多くの建物が流されてしまった気仙沼では圧倒的に住宅が不足しており、よそから来た若者がひとり暮らしできるようなアパートなどほとんどありません。そんな中、斉藤さんのおたくに下宿することになったのでした。

斉吉商店さんは、水産加工食品の会社を営んでいて、自宅も事務所も工場も海の近くにあったため、津波ですべて流されてしまいました。下宿先は、ご一家が自宅を再建されるまでのあいだの仮住まいです。ひとつ屋根の下に住んでいるのは、斉吉商店の社長の斉藤純夫さんと専務の和枝さんご夫妻、和枝さんのご両親である、健一さん（じっち）と貞子さん（ばっぱ）、それに斉吉商店ではたらく純夫さん・和枝さんの長男の吉太郎くんに次男の啓志郎くん、そして私。後にここに、末娘のかなえちゃんと、吉太郎くんのお嫁さんのえみりちゃんが加わります。大所帯のにぎやかな生活の始まりです。

「入浴中」の札をつくる

下宿生活の初日、まずは身支度を整えました。近所のスーパーに行ってふとん一式を買います。あまっていた書生机をひとつばつぱにもらって部屋に置き、仕事をする場所もできました。よしよし、暮らしのイメージが湧いてきたぞ。

そこで、ひとつ困ったことに気づきました。お風呂です。脱衣所にも、お風呂にも、鍵がない。これは、うっかりドアを開けちゃって「あ！」となる事故が容易に想像できます。うーむ、困った。下宿人の身として、それは気まずいなぁ。

どうしようかと考えて、「入浴中」という札をつくりました。お風呂を使っているときはこの札を脱衣所のドアノブに引っかけるという仕組みです。斉吉家のご家族のみなさんそれぞれに、

「すみません、お風呂に『入浴中』の札をつくりましたので、使ってるときは、これをかけてください。よろしくお願いします」

とお願いして回りました。斉吉家には通常7人、来客の多いときには10人以上が寝泊まりしていたので、この「入浴中」の札は大活躍。一度も事故なく済んでいます。

鱈のムニエル

　ばっぱは料理がとても上手で、毎日気仙沼の旬のものを使った美味しい夕ごはんを作ってくれます。私はそのばっぱの手料理を食べるのが楽しみで、毎日夕方ぐらいになるとばっぱに電話し、「今日のごはんは何ですか？」と献立をたずねていました。ばっぱはそのたびに、「ふっふっふ。たまちゃん、またそれ聞くんだね！　今日はサンマのなめろうとあら汁、それに根菜の煮物です」

などと教えてくれます。夕ごはんを楽しみにして足早に家に帰り、

「ばっぱ、これ美味しいです！」

とモリモリごはんを食べる私にばっぱはいつも、

「そんなに美味しいと言ってくれて、ありがとうございます！」

と満面の笑みで声をかけてくれます。「とんでもないです、『ありがとうございます』はこちらの方です」と言いながらいつもありがたくごはんを頂いていました。

　そんなある日、私はやってはいけないことをしてしまいました。夜外食の予定があるのに、ばっぱに連絡するのを忘れてしまったのです。「しまった！」と思いながら遅い時間に家に帰ると、ばっぱはまだ起きていて居間のテーブルで日記をつけていました。外食の連絡を忘れたことを謝ると、ばっぱは「いえいえ、いいんです」と言いながらも、表情が悲しそう。

ばっぱの隣に座ってテレビを観ていると、ぶつぶつ声が聞こえてきました。ばっぱは日記を書きながら、書いている文章を小さな声で音読してしまうくせがあるのです。

「今日は、たまちゃんがよろこぶかと思って大きな鱈を買ってきてムニエルにしましたが、たまちゃんは外食で食べませんでした」

ひー！　やっぱり悲しい気持ちになってる！　明日の朝、鱈のムニエルいただきます!!

ばっぱの万年筆

あるとき、ばっぱに頼みごとがあると言われました。なにかと思ったら、仕事で東京に行く際に万年筆を買ってきてほしいとのこと。ばっぱはよそから頂き物をすると、いつもお礼の電話をしたり、手紙を書いたりしているのですが、その手紙を書くための万年筆を津波で流されてしまったのだそうです。震災後は特に頂き物が多く、きちんとお礼状を書きたいのだけれど、いまはボールペンで書いており、相手に申し訳ないので万年筆が欲しい。しかし気仙沼のスーパーにも文房具屋にも置いておらず、自力ではどうしようもなかったので、東京に行った際に買ってきてほしい、とのことでした。

なるほど、そういうところに不便があるのだなぁと思いながら、お安いご用ですと引き受けたものの、ばっぱがどんな万年筆が欲しいのかわかりません。聞いてみると、

「そんな高いのでなくていいから。でも、前使っていたのと同じ万年筆だとうれしいです。パイロットの万年筆で、持つところは赤味がかった色で、ペン先は柔らかめで……」

と、意外とイメージが具体的です。お遣いに行って違うものを買ってきたらがっかりさせてしまうだろうし、「では、いま一緒にネットで注文しましょう！」とパソコンを開きました。ページを開いて「万年筆　パイロット」で検索すると、万年筆がざーっとたくさん出てきます。ばっぱは、

「すごい。これで買えるんですね！　すごい」

と画面に見入ります。ペン先の太さや柔らかさ、軸の色で検索結果を絞り込んでいくと、

「あ、これだ！　前持っていた万年筆！」

と、津波で流されたのと同じ万年筆を発見。その場でインクとともに注文すると、翌朝にはその万年筆が届き、ばっぱは玄関口で代引きで支払いをし、無事に万年筆を手に入れました。

「魔法のようですね！」

とばっぱがよろこぶのを見て、たしかにそうかもしれないと思いました。

気仙沼中を探して見つからなかったものが、翌朝にはあっさりと自宅に届き、玄関口で支払いを済ませて手に入れられる。ばっぱにとっては画期的なことだったのでしょう。当たり前のようにインターネットを使っている自分には想像できなかったことですが、きっと小さ

な街に住む多くのご年配の方にとって、「欲しいものが買えない」というのは共通する不便さなのではないでしょうか。日本では、コンビニやスーパーがいたるところにありますが、どれだけ品揃えをよくしても在庫には物理的な限界があります。それに、そこで扱っていないものは手に入りません。それは、津波で流されたのと同じ種類の万年筆であったり、サンマの干物を作るためのネットであったり、手作りしたカバンにつけたい木の持ち手であったりします。気仙沼にいると、ばっぱだけでなく、知り合いに「○○が欲しいのだけど、気仙沼で買えないから、ネットで注文してくれない？」と頼まれることが日常的にあります。

よく高齢者が貯金ばかりして消費をせず経済が活性化しない、という議論を聞きますが、欲しいものを買える場所がないという課題もあるのかもしれません。「年配の人もインターネットを使えるようになればいい」という人もいます。それができたらなによりだと思いますが、まったくインターネットを使ったことがない人にとっては、インターネットでの買い物は技術的にも心理的にもハードルの高いこと。むしろ、ネット端末を持った御用聞きがひとり街にいたら、みんなの利便性はぐっと上がりそうです。欲しいものを聞き、一緒に画面を見ながら探し、注文する御用聞き。

東京にいるときはなかった視点ですが、気仙沼でじっち、ばっぱと一緒に生活していると気づかされることが多くあります。

朝の羊羹タイム

「家族」というものをイメージするとき、多くの人にとってそれは自分の経験してきた「家族」なのではないでしょうか。私もそうでした。でも実際のところ、きっと家族や家庭の在り方というのは多種多様で、ひとつ隣の家の中でさえまったく違う世界が展開されている。戸籍上は他人である斉吉さんのご一家に下宿し、その「家族」の中に入れていただくということは、ある意味「海外に住む」のと同じぐらいの異文化体験で、だからこそわくわく楽しいものでした。

東京に生まれ、両親ともに仕事をする核家族世帯で育った私にとっては、斉吉さんの家には「いつもじっちとばっぱがいる」ということがなにより新鮮で、うれしいことです。

じっちはとても早起きで、夏場は4時ごろ、冬でも5時ごろには起床し、居間でひとり静かに新聞を読んでいます。胃を切除しているじっちは少食で、あまりごはんを食べないのですが、羊羹が大好物で、朝はだいたい厚切りの羊羹を濃いお茶と一緒に食べています。それはきっとじっちにとって至福の時間で、羊羹を口に入れ「うーん」と目を細めて味わっている姿は見るだけでこちらもうれしく幸せな気持ちになります。

朝起きると、そこにじっちがいる。「おはようございます」と声をかけて、向かいに座る。老眼鏡をかけてすみからすみまで新聞を読んだり、「今日の分」の羊羹を堪能しているじっ

ちは、私の存在に気づくと顔を上げ、

「たまちゃん。たまちゃんのことは、家族だと思ってますから。たまちゃんも、うちを家族だと思って、遠慮なくしてくださいね」

と言ってくれる。私は、

「はい！　ありがとうございます」

と大きな声で返事をする。するとまた3分後ぐらいにじっちは顔を上げ、

「たまちゃんは、家族ですから」

と言ってくれる。私はまた、「はい！」と返事をする。

じっちは、ボケているわけではないのです。むしろ、いつだってとても冴えています。そんなじっちが口癖のように「たまちゃんは、家族ですから」と言ってくれるのは、全力の歓迎と思いやりに他なりませんでした。斉吉さんのおうちでの下宿生活をこれほど楽しく始めることができたのは、じっちのこの言葉のおかげかもしれません。

じっちの「き」と「ち」

気仙沼の年配の方の中には「き」を「ち」と発音する人がいます。じっちもそうです。

「たまちゃん、ちのうねぇ……」

というのは、

「たまちゃん、昨日ねぇ……」

という意味。

「おーい、貞子や。市役所から、コウチ高齢者のお知らせが届いてるぞ」

というときの「コウチ高齢者」とは、「後期高齢者」です。

「き」が「ち」になるという法則は、濁音（だくおん）になっても変わりません。たとえばある日じっちが、「長岡さんが、じっくり腰になったそうだよ」と言いました。「じっくり腰」ってなんだか粘り腰みたいですが、そうではありません。じっくり腰↓ぢっくり腰↓ぎっくり腰、です。

「ぢりにんじょうを、大切にね」と言われたら、それは「義理人情」です。

こうした言い換えはだいたい前後の文脈から何のことか推察できるのですが、難しいのはなじみの薄いテーマについて話しているとき。そもそもよく知らない話題な上に、「き」が「ち」に変換されているので、内容を理解するのが一段と難しくなります。

じっちはよくいろんな昔話をしてくれ、その話題は、上杉謙信の話から、気仙沼にあった金山の話、斉吉商店の歴史や、各地方の祭りの話など、多岐にわたります。

そんなじっちの昔話レパートリーの中に、「神輿（みこし）を作った話」というものがありました。祭り好きのじっちが職人に頼んで神輿を作らせ、地域のお祭りを始めたときのお話です。この話の中には「神輿のどの部分をどの職人に頼んだか」など技術的な内容が含まれるのですが、日ごろなじみがない話題である上に、なぜか「ち」という発音が多く出てきて、それが全部「き」か「ち」かわからないのでよりいっそう難易度が上がります。

たとえばこんな具合です。

じっち　それで、神輿のちょうちんは、〇〇県の〇〇さんという職人に頼んだのっさ。これが、腕のいい職人でね。素晴らしい出来（でち）だったの。

私　ちょうちん、ですか。提灯？

じっち　うん、ちょうちん。それで神輿につけたのだけど、素晴らしい輝き（かがやち）でね。

私　（輝き……。ということは提灯じゃないのかも？）　もしかして、彫金（ちょうきん）、ですか？

じっち　うん、そう。ちょうちん。

私　え、提灯？

じっち　うん、ちょうちん。

とまぁ、ずっとこんな具合です。「ちょうちん」はたぶん「彫金」だと察しがついたのですが、わからない単語はどんどん続きます。

じっち　それで、ちぢについては、〇〇さんと相談してね。

私　ちぢ、ですか。
じっち　うん、ちぢ。

これは、難易度が高い。ヒントが少なくてどうにも文脈から推察できないのです。「ちぢ（または、ちじ）」は、「き」が「ち」になるという法則のもとでは4通りの可能性があります。

1．ちぢ（ちじ）
2．きぢ（きじ）
3．ちぎ
4．きぎ

一体どれでしょう。「ちぎ」というのは響き的になんとなくなさそう。「ちぢ（ちじ）」はあるかもしれないけど、「知事」しか意味を思いつけず、神輿の話に知事が出てくるとは考えにくい。では、「きぢ（きじ）」か「きぎ」かな？　そう思ってじっちに聞いても、いまいちよくわかりません。

私　ちぢって、なんでしょうか。
じっち　神輿の、ちのところ。

私　木のところ？

じっち　うん、ちのところ。

私　じゃぁ、ちぢっていうのは、木地（きじ）でしょうか。

じっち　うん、ちぢ。

私　……なるほど。

このように、なんとなくわかったようなわからないようなな？　で会話が進むことも多々あるのですが、朝お茶を飲みながらじっちの昔話を聴くのはいつも楽しみな時間です。

3章　編み物の会社を起ち上げよう

なぜ編み物か

震災の翌年の２０１２年、気仙沼ニッティングを始めました。気仙沼の編み手さんが編む手編みのセーターやカーディガンをお届けする仕事です。

気仙沼で会社を始めようと思ったのは、震災後の気仙沼で働く人が「誇り」を持てる仕事をつくりたかったからです。同時に、きちんと稼げる会社を生み出し、気仙沼の地で持続していく産業にしたい。ではなぜ、「編み物」の会社にしたのか。それにはいくつか理由がありました。

一つ目は、編み物なら、震災後の気仙沼でもすぐに始められるから。気仙沼ニッティングの構想が動き出したのは２０１１年の冬、具体的に始まったのは２０１２年の6月です。このころの気仙沼はまだ地盤沈下のために雨が降るとそこら中に水がたまり、臭いがするような状況でした。盛土をして整備をし、建物が建てられるようになるには3年以上かかると言われており、被災した多くの人も仮設住宅に住んでいました。

そんな中で、たとえば「工場をつくる」なんぞ、現実としてできなかったのです。すぐにでも始めるには、大きな設備投資をせずにすむ事業である必要がありました。編み物なら、毛糸と編み針さえあれば、場所を選びません。仮設住宅に住んでいてもできる。編み物は、震災後の気仙沼でも、「とにかく始められること」だったのです。

二つ目は、一緒に始めた糸井重里さんが、編み物作家の三國万里子（みくにまりこ）さんを知っていたからです。彼女の作り出す作品は、「着たくなる」ものばかり。気仙沼の人たちがどれだけ手間をかけて作っても、もしそれが「欲しくなるもの」でなければ、売れないでしょう。復興支援として最初の数か月ぐらいは売れるかもしれませんが、それだけでは続きません。事業として成り立つには、お客さんに「欲しい！」と思ってもらえる商品を作る必要があり、そのためには、デザインの力はなくてはならないものです。人が心から「着たい！」と思える作品を生み出せる三國万里子さんとのご縁があったからこそ、「編み物の会社になった」とも言えるのです。

三つ目は、漁師町である気仙沼では「編み物」が身近なものであったということ。海に出る漁師さんたちは、今でこそヒートテックやフリースを着ていますが、昔はセーターを着ていたので、よく家族が編んでいたのだそうです。街中には毛糸屋さんが多くあり、お客さんが毛糸を買ってお店の人にセーターを編んでくれるよう注文することも。気仙沼では、漁師さん自らも編み物をすることがあったと言います。もともと漁師さんたちは、漁網を修繕したり、ロープワークをしたりと手先が器用です。このため、遠洋で何か月も航海するようなときに、漁場に着くまでの間、暇つぶしがてら自分のセーターを編んだのだそうです。中には、サメの骨を細く削って編み針にしたという漁師さんもいます。

この「編む文化」は、「気仙沼で編み物の会社を始めよう」というアイデアを実現する決め手になりました。もちろん、「編める人がたくさんいて、編み手を確保できる」という実践的なメリットもあります。でもそれだけではありません。気仙沼に新しい会社をつくり全国に発信していくにあたって、編み物であれば、地元の人が「それはたしかに、私たちが得意なことだ！」と自信を持つことができる。後から考えてみると、この意義がなにより大きかったかもしれません。

それから最後に、編み物は「服」が作れるということも大事なポイントでした。日本は給与水準の高い国です。そうした国で、労働集約的な「手仕事」をすれば、それはどうしても高くつきます。事業として採算をとれるように育てていくためには、手間に対して適正な価格で売れる商品をつくる必要がありました。たとえば手間のかかる刺繡（ししゅう）を入れても、つくる商品がティッシュケースやコースターという小物だったら、採算のとれる価格設定にするのはなかなか難しいでしょう。でも、洋服なら、「ぜひ欲しい」「ずっと着たい」と思えるものができればそれはファッションの世界での複合的な値付けになります。そこには、可能性があるように思えました。いずれにせよ事業化が難しいことには変わりがないのですが、「手で作ったものが服になる」ことは、編み物の大きな魅力です。

アラン諸島へ

２０１２年６月、気仙沼ニッティングは糸井重里さんが主宰するウェブサイト「ほぼ日刊イトイ新聞（ほぼ日）」のプロジェクトとしてスタートしました。のちのち会社にするつもりで始めた気仙沼ニッティングですが、この時点ではまだ本当に事業として成立するかわからない、暗中模索の状態です。そこで、あとで巣立つことを前提に、まずは「ほぼ日」のプロジェクトとして始めることになったのでした。手伝ってくれるのは、ほぼ日で読み物を書いている山下哲さんとデザイナーの山川路子さん（通称：みっちゃん）です。

プロジェクトをスタートすると同時にまず向かったのは、アイルランドのアラン諸島です。メンバーは、糸井さん、斉吉商店の斉藤和枝さん、三國万里子さん、山下さんとみっちゃん、それに私という大所帯です。アラン諸島はアイルランドの西にあり、日本から行くには、飛行機・列車・船を乗り継いで１日以上かかります。

なぜそんな遠くに向かったのかと言えば、それは、かつてアラン諸島が世界中で流行した手編みセーターの産地だったから。気仙沼で新しく編み物の事業を始めるにあたり、まずは本場と言われた場所を見ておきたい、と考えたのでした。

なにか新しいことに挑戦するときに、まずその世界の「トップ」や「本場」と言われる場所を見ておくと、あとが楽になることがあります。新参者のうちはどうしても、「もっと歴史の長いところがある」「もっと技術のある人たちがいる」などと言われやすく、自身も「ほかにすごい人たちがいるかもしれない」と不安になりやすい。それが最初に「トップ」や「本場」を見て具体的に把握できてしまうと、自分たちはなにを目指し、どんな努力をしていくべきなのかが明確になります。気仙沼ニッティングにとって、アラン諸島の視察はそうした意味がありました。

アラン諸島では、素晴らしい方々との出会いがたくさんありました。娘さん・お孫さんと一緒に3代で編み物を続けているモレッドさん。だんなさんとずいぶん昔に別れ、いまはひとり暮らしをしながら友人や親戚の子どもたちのためにセーターを編み続けるシボンさん。お世話になった宿屋のお母さんも、編み物をしていました。実は、アラン諸島では編み物産業が衰退してきており、いまはプロの編み手はほとんどいません。この旅でお会いした方々も、昔は編み手の仕事をしていたもののいまは趣味でという方ばかりでした。それでも、ひまがあれば編み針を取り、手を動かす。編み物をしていると気持ちが落ち着くのだと言います。アラン諸島もまた、多くの男性が漁業に従事する港町です。アランセーターに使われる紋様には「航海安全」や「大漁祈願」といった意味が込められています。それを見て、和枝さんはしみじみとつぶやいていました。

「祈っていることが、気仙沼の人と一緒だ。漁に出た家族を待つ人の気持ちは、どこも同じなんだねぇ」

アランセーター

ではなぜ「アランセーター」は世界的に有名になったのでしょうか。そこには、ある人物の存在がありました。

パドレイグ・オショコン氏。もともとは弁護士でしたが、40代のときにアイルランドの言葉や文化の研究を始め、その過程でアラン諸島にたどりつきます。すっかりこの美しい島のファンになってしまったオショコン氏は、当時貧しかった島に産業をつくりたいと考え、手編みのセーターの事業を始めたのです。島の編み物上手な女性を集めてセーターを編んでもらい、それを輸出します。アラン諸島での手編み物産業の成り立ちは、気仙沼で目指していることとそっくりでした。

手編みセーターの本場だと思って向かったアラン諸島もまた、セーターの伝来を受けた地でした。イングランドやスコットランドの漁村のフィッシャーマンズ・セーターがアラン諸島に伝わり、この地特有の模様が加わって、アランセーターが生まれたのです。編み物というのは、根源的でユニバーサルな技術であり、もとをたどるときりがないものなのかもしれません。日本でも、縄文時代には針を使って漁網を編んでいました。編み物の技術が各地に伝来し、その土地ごとに進化を遂げて、独自の編み物文化を築いているのです。

そう思うと、漁師の着るものとしてセーターが広まり、編む人が多くいた気仙沼で、それを産業に育てていくということは、アラン諸島の試みの跡を継ぐことであるようにも感じられます。

繰り返しになりますが、残念ながらアラン諸島では、編み物産業はかつての勢いはなく、いまはそれを仕事にできている編み手はほとんどいません。アラン諸島のお土産物屋さんには、アラン模様の機械編みのセーターも置かれていました。なぜこのような状況になってしまったのか。複合的な要因があり、当時を知らぬ私は推察することしかできませんが、気仙沼ニッティングの事業を育てていく上で、「なぜアラン諸島の編み物産業は衰退したのか」を考える作業はとても重要なことです。そして編み物産業の大先輩で、素晴らしい編み手のたくさんいるアラン諸島のこうした状況を見て、いい緊張感が生まれました。

気仙沼ニッティングを育てていくにあたって、アラン諸島のことを思い出しながら、こんなことを自問します。

◇お客さんにとって、手編みのうれしさってなんだろう？（「Hand-knit」というタグがついているという以上のうれしさを、私たちは生み出せているか？）

◇気仙沼ニッティングのセーターは、「着たくなる」セーターか？（ただ「記念に買う」ものではなく、服として着たいものにできているか？）

◇数を追って、質が落ちるようなことをしていないか？

１９５０年代から60年代、アランセーターで世界的に有名になった小さな島々。そんな「編み物産業」の大先輩であるアラン諸島からは、やってみる勇気と学びをもらいました。

なにもないから始めよう

アラン諸島で過ごす最後の日、糸井さん、和枝さん、三國さん、山下さん、みっちゃん、それに私は、泊まっていたペンションのダイニングに集合しました。視察を終え、さて、私たちはなにをしようか。

季節はもう6月。日本がセーターの季節を迎える冬まで半年もありません。そして気仙沼ニッティングには、まだ商品がなく、それどころか、商品を編むための毛糸も、それを編む編み手さんもいない状況でした。なにもない。それでも私たちは気仙沼ニッティングを起ち上げるにあたり、どんなに小規模であってもその冬に商品を出そうと考えていました。それを逃すと、チャレンジする季節はそこから1年先です。「気仙沼に編み物の会社をつくるよ」と言って仲間を集めても、1年半も商品のひとつも出せずにいたら、人はその船が本当に出港するのかいぶかしく思うようになる。とにかく小さくても、セーターを編みお客さんにお届けするということをひととおりやってみれば、きっとそこから学ぶことはたくさんある。失敗をしても、そこでの学びを活かして、翌冬に本格スタートを切るというのが現実的ないいプランだと思いました。

そうとなれば、大急ぎで準備です。私たちはアラン諸島での最終日に、ペンションのダイニングで作戦会議を始めたのでした。

決めたのは、こんなことです。

◇「世界で一番かっこいい」、王道のものをつくろう
◇最初のプロダクトは、白いフィッシャーマンズのカーディガン
◇オーダーメイドで編み上げる

私たちは、王道のもので勝負しようと思いました。「これが最高にかっこいいセーター／カーディガンです」と言えるものをつくりたい。これから長く続いていくブランドを起ち上げるためには、「つくりやすそうなもの」ではなく「一番いいと信じられるもの」からスタートする必要があると考えました。白という色は、紺色がメインのアランセーターの中では特別な存在です。もともと漁師が作業時に着たアランセーターは、汚れが目立たない紺色のシンプルなものでしたが、日曜日に教会に行くときの「晴れ着」は別で、白色のセーターやカーディガンを着ていました。アラン諸島の人々にとっても特別な意味をもったその白いフィッシャーマンズに、私たちはすっかり惹きつけられたのです。ちなみに、カーディガンにしたのは、その方が着やすいと思ったからです。大切なおでかけのときにそのカーディガンをひょいと羽織っていく。それだけで格好がつき、周囲の人に「素敵だね」と言われる。そんなものをつくりたい。

手編みのうれしさってなんでしょう。これは、後々ずっと考えていくことになる課題です。たとえば手編みには、ひとつひとつの編み目に空気がふくまれるためふっくらしてあたたかい、といった機能的な利点もあります。長持ちする。着る人の身体になじみやすい。どれもよい点なのですが、手編みの一番のうれしさというのはやはり、「だれかが自分のために編んでくれた」ということそのものです。オーダーメイドなら、その豊かさを、たっぷり感じることができます。自分のために、いまカーディガンを編んでくれている人がいる。その豊かさをしっかり感じてもらえるようにしたいと考えました。

毛糸ができるまで

こんな考えから、最初の商品はオーダーメイドのカーディガンになりました。まず着手したのは「毛糸づくり」です。

◇どの羊毛を使うのか？（国によって、また種類によって羊毛の毛足の長さや質感は異なります。思い描くカーディガンを編むためには、まずぴったりの羊毛を選ばなくてはいけません）

◇選んだ羊毛をどんな割合で混ぜるのか？（羊毛のブレンドの仕方で、毛糸の質感が変わります）

◇どれくらい撚（よ）りを入れるのか？（1メートルにつき何回撚るかによって、毛糸の太さや硬さが変わってきます）

ひとつひとつ試行錯誤しながら開発を進め、理想の毛糸をつくっていきます。この年の冬に届けられるセーターは、数が限られます。少数のセーターのために一から糸を開発するというのは、ずいぶんと贅沢で、遠回りのようでもありました。それでも、毛糸づくりから始めたのは、アラン諸島で出会った一着のセーターがきっかけです。

そのセーターは、シンプルなのにしっかりとした表情がありました。陽の光を浴びて、その陰影でキリッと柄が浮き出るような、ハンサムな白いセーター。

「アラン模様は、立体で表現されている」、そう気づかせてくれるセーターでもありました。どうしたらこんなセーターが編めるのでしょう。探っていくと、そもそも、日本のものとは糸が違うことがわかりました。かっちりと、強い風から身を守るためか撚りのきつい糸で編まれています。硬く密な毛糸が、このキリッとした模様をつくりだします。

ただ、私たち日本人には少しばかりごわごわしているようにも感じられます。また身体にずっしりとくる重さがあり、肩がこるという人、動物臭が気になる人もいる。一方、日本で使われる毛糸は肌触りを重視したやわらかい糸が多いため、このような糸では、アラン諸島のセーターのようなしっかりとした柄は出にくい。

「アラン諸島で出会ったセーターのようにキリッと柄が立ち、それでいて着やすいやわらかさがあり、かつ、ずっと長持ちする糸がほしい」

そんなわがままな要望を受け入れて、いっしょに毛糸づくりをしてくれたのは、京都の手芸糸専門店、ＡＶＲＩＬ（アヴリル）さんです。

毛糸ができるまでには、４つの工程があります。

1. 原料選び（羊毛を選ぶ）
2. 紡績（羊毛を糸にする）
3. 撚糸（糸に撚りをかける）
4. 染色（糸を染める）

AVRILさんとの糸づくりは、最初の原料選び、つまり、羊を選ぶところから始まりました。羊にもいろいろな種類がいます。毛がもじゃもじゃのものもいれば、短いものもいる。同じ種類の羊でも、年や地域によって毛質が違う。気候によって毛質が影響を受けるからです。

「今年はいいメリノの羊毛がスペインから出たよ」

そんなお話を伺いながら、原料となる羊毛を選びます。

「もうすこしブルーフェイスを足してみるか」

「このメリノ種を、あと5％増やすとどうでしょう」

膨大な種類の羊毛から組み合わせを決め、加減を変えながらブレンドしていく作業が続きました。

羊毛のブレンドを決めると、紡績をして、撚糸の作業に入ります。

「1メートルにつき5回、撚りを増やすだけで、糸の風合いはまったく変わるんですよ」

福井雅己前社長のことば通り、糸の撚りの入れ方をすこし変えるだけで、編んだときの表情がまったく変わりました。

福井さんが何度も糸を撚りなおしてサンプルの糸をつくってくれ、三國万里子さんが実際に編みながら、今回のカーディガンに合うものを探していきます。ゆるすぎたり、きつすぎたり、手ざわりはいいけど、柄が思うように出なかったり。ひとつひとつ、試行錯誤しながら加減をたしかめ、進めていくしかない作業です。つくりはじめて数か月。ついに、毛糸ができました。じんわりと広がる静かな満足感。この糸の開発にたずさわった全員が、胸を張って言えると思います。

「これは私たちが信じる、最高の毛糸です」

世界のどこにもない、気仙沼ニッティングのためだけにつくられた毛糸。この冬気仙沼ニッティングがお届けしたカーディガンは、この毛糸で編まれました。

どうやって、編み手さんに出会う?

毛糸づくりと並行して、気仙沼ではもう一つ大切な仕事が進んでいました。それは「編み手さん探し」です。気仙沼は港町で、セーターを編む文化があったため編み物ができる人はたくさんいる、とはいうものの、なにしろ地縁血縁もない街です。ひとりで歩いて、おいそれと出会えるわけではありません。

うーむ、どうしよう。

実はアラン諸島に行く前、地元でお世話になっている方が口コミで知り合いに声をかけ、「編み物ができる人」に集まっていただいたことがありました。でも、そのほとんどが、このころにはやめてしまっていました。

「実はそんなに編み物ができない」とか「知り合いに声をかけられたから集まりには行ったけど、編み物の会社をするとは知らなかった」「パートが忙しいから編み手の仕事はできない」など理由はそれぞれ。きっと、私たちが編み物の得意な人を探しているということで、地元の方ががんばって周りに声をかけて集めてくれていたのでしょう。気仙沼の人は地域のつながりを大切にするため、声をかけられたら無下にもできません。きっとお付き合いで断りきれずに顔を出してくださった方が多かったのであろうと思います。さらに、編み物は人前でやる機会がないために、お互い「だれがどれぐらい編み物ができるのか」はよくわからないものです。

地元のみなさんのサポートはありがたかったのですが、どうやら、「口コミ」というのはいい手段とは言えないようです。やってきた人にとっても、私たちにとっても、お互いにとってハッピーではない出会いになってしまう可能性がある。気仙沼ニッティングはもともと、気仙沼の人によろこんでもらうためにつくろうと思った会社です。編み物が好きで得意な人が多い気仙沼で、「人に頼まれたからしょうがなく」と無理して編み手をしてもらうのでは、本末転倒です。アラン諸島から帰ってきて、「さぁ、この冬にさっそくカーディガンを出すぞ！」と意気込んでいた私にとって、この状況はなかなか辛いものでした。

「本当に気仙沼には編み物が好きな人がそんなにいるのだろうか」

「仕事として、編み手をやりたいと思ってくれるのだろうか」

「気仙沼ニッティングという会社は、この街で必要とされるだろうか」

そんな思いがぐるぐると頭の中をまわります。でも、悩んでいてもどうしようもありません。まずは、「編み物が好き」な人たちに出会わないと。まずはそこから。でも、どうすれば出会えるだろう。気仙沼にはたくさんいるとは聞くのだけれど。悶々と考える中で出てきたのが、「編み物のワークショップをやろう！」というアイデアでした。かわいい手袋を三國さんにデザインしてもらい、その手袋をみんなで編むワークショップを開催しよう。三國さんにも講師に来てもらって。そのワークショップのことを街で宣伝すれば、きっと編み物が好きな人たちが集まってくれるはず！

そのアイデアを告げると、三國さんはさっそく、かわいい手袋をひとつデザインしてくれました。紺色の地に、魚の骨のような白い模様。手首と親指には赤が入る、トリコロールの手袋です。なんだか、気仙沼によく似合う。この手袋は「ＩＰＰＯ（イッポ）」と名付けられました。

　ワークショップで編む手袋「ＩＰＰＯ」ができると、今度はポスターづくりです。写真とデザインはほぼ日のみっちゃんが担当してくれます。コピーは……そうだ、糸井さんに頼もう、と畏れ多くも思ったのですが「まずは自分で考えてみよ」とのこと。そりゃそうです。拙い案を出してはダメ出しされ、それを何度も繰り返した末、最後はみかねた糸井さんに全面的に助けてもらってできあがりました（66頁参照）。

　そのあいだずっと考えていたのは、「どうしたら、気仙沼の編み物好きの人たちが集まってくれるだろう」ということでした。こうしたことは気仙沼の人に聞くのが一番です。下宿先の和枝さんに相談すると、こんなアドバイスが返ってきました。

「気仙沼の人は、『ワークショップ』って言葉はわかんないよ。編み物ワークショップって言われても、なにすんだかわかんなくて、行かないと思う。『ワークショップ』って、言いかえるとなんだろうね。お教室とも違うし」

「この手袋とってもかわいいから、みんな『うわー、編みたい！』って思うだろうけど、同時に『こんなおしゃれで素敵なもの、私に編めるだろうか』とも思うよね。『私でも、大丈夫なんだ』と思える要素が必要なんじゃないかなぁ」

　なるほど。どれも、言われてみればその通りです。そんなアドバイスをもとにポスターができ、「気仙沼のほぼ日」のさゆみちゃんと一緒にそれを街中に貼りに行きました。人が集まりそうな場所をリストアップして、一軒一軒貼ってもらうようお願いしてまわります。市民会館に図書館、仮設住宅の集会場、それにコンビニ。近所の焼肉屋さんやメガネ屋さんにも貼ってもらいました。老若男女に大人気のカフェ、やっちさんの「アンカーコーヒー」には、大判のポスターに加えてチラシも置いてもらいました。加えて、地元紙である『三陸新報』にもこのワークショップの案内を掲載してもらいます。

後日談ですが、気仙沼ニッティングの最初の編み手の一人で、のちに中心的存在になっていくじゅんこさんは、仮設住宅に隣接するセブン-イレブンの仮設店舗に貼ってあったポスターをみつけて、このワークショップに参加したのだそうです。じゅんこさんがいなければ、今の気仙沼ニッティングはなかったことでしょう。あとでこの話を聞き、あのときあのセブン-イレブンにポスターを貼ってよかったと心から思ったのでした。

手袋ワークショップ

さて、できる限りのことをして、ドキドキしながらワークショップ当日を待ちました。季節は8月。真夏の編み物ワークショップです。

当日を迎えてみると、定員30名のところにずっと多くの人がいらしてくださり、会場は編み物ワークショップの参加者で満員になりました。机の前にところ狭しと人が座り、毛糸と編み針を持って、三國さんの説明を聞きながら手袋を編んでいきます。その楽しそうなこと！　おしゃべりに花を咲かせながらも、夢中になって編み針を動かします。

「先生ー！　せんせーい！　ここで糸の色を変えるの、どうすればいいですかー！」

「あ、なんか、針から目を落としちゃった。どうしよー！　せんせーい！」

あっちでもこっちでも先生を呼ぶＳＯＳの声が上がります。

「順番に行くので、ちょっと待ってくださいね」

と言いながら、三國さんと、編み物上手でサポート役のみっちゃんが、忙しくあちこち飛び回ります。編み物に夢中になっているみなさんは本当に楽しそうで、また童心にかえったようでもあり、ワークショップの会場はまるで中学校の教室でした。

途中、自己紹介タイムになったときのことです。ひとりひとり立って話すのですが、こんな声が聞かれました。

「震災前は毎日編み物をしたのですが、津波で編み針も毛糸も、ぜんぶ流されてしまいました。震災後、日々一生懸命生きる中で、自分の楽しみのものなんて買ってはいけない気がして、編み針も毛糸も買わず、ずっと編み物はしないでいました。今日この会をきっかけにまた編み物を始められたのがなによりうれしいです。こうやって夢中になって編める時間が戻ってきてよかった」

「震災があってから、ずっと仮設の家にいました。なにをするでもなく、ただじっとふさぎ込んでいて。こうやって、自分の楽しみのために外に出たのは初めてです。自宅も流され、自力ではどうしようもできないことも多いんですけど、編み物をしている時間はそんなことも忘れられるし、編んだ分だけ進んでいくっていうのがうれしいです」

そんな言葉ひとつひとつが心に響きました。震災から1年半近く。それぞれに状況は違っても、きっと誰もがずっと気を張って暮らしてきたのでしょう。そんな今の状況で「楽しめること」や「夢中になれること」はなにより貴重で、必要なことです。

このワークショップには大事な目的がありました。そう、気仙沼ニッティングと編み手さんの出会いです。

ワークショップのいいところは、それぞれの力量もわかることでした。この冬に出す商品は、「オーダーメイドのカーディガン」と決めていました。それも、「最高にかっこいいもの」です。そうなると、誰でも編めるわけではありません。さまざまな手法が取り入れられたカーディガンを要望に合わせてサイズ調整し、編み上げる力が必要です。数十名いた会場の中に、抜群にお上手だった方がいました。じゅんこさんとゆりこさんです。

大声が飛び交う会場で、ふたりは、黙々と夢中になって編み進めていました。ときどき顔を上げて隣の人とおしゃべりもしますが、真剣に編んでいるときは周りの雑音が耳に入らない。ふたりの周りには、静かで濃密な時間が流れているようでした。そしてほとんどの人が片手も編み上がらぬうちにすっかり両手を編み終えて、飛び切りの笑顔でそれを見せてくれたのでした。

そんなわけで数日後、ふたりをそれぞれ訪ねました。これから気仙沼ニッティングという編み物の会社を始めること、この冬にさっそくオーダーメイドのカーディガンを出すことを説明し、もしよかったらぜひ編み手になってもらいたいとお願いしました。するとふたりとも、「私でよければ、ぜひ」と快く引き受けてくれたのでした。心強く、ほっとした瞬間でした。

編み手さんの練習

じゅんこさんと、ゆりこさん。そこに、えみこさんとかなえさんも加わり、４人が気仙沼ニッティングの最初の編み手になってくれました。これなら、この冬に商品を出すことができそうです。まだデザインはできていなかったのですが、冬にオーダーメイドのカーディガンの注文を受けるには、もう練習を始める必要がありました。

そこで、三國さんの著書『編みもののワードローブ』に掲載されているアランカーディガンをお客さんのオーダーに合わせてサイズ調整をして編み上げる練習をすることにしました。

４人の中にはもともと仕事で編み物をしていた人もいますが、家族のものしか編んだことがない人もいます。そこでまず「お金をもらって、仕事として編む練習」をするために、毛糸代と少額の編み代をもらってカーディガンを編むことにしました。お客さんになってくれたのは、ほぼ日の社員たちです。

「気仙沼ニッティングの編み手さんたちの、練習用カーディガンのお客さんを募集します！」

と社内で声をかけると、たくさんの人が手を挙げてくれました。抽選をして順番に、編み手さんたちがカーディガンを編んでいくことにします。注文した人からは、希望のサイズと編み手さんへのメッセージをもらいます。編む側はそれを受けてカーディガンを編み、手紙と一緒に送ります。

最初に工夫が必要だったのは、サイズの聞き方でした。オーダーメイドと言えど、編み手側は気仙沼にいるため、直接お客さんに会って採寸することはできません。どういうサイズの聞き方をすれば正確で、お客さんも無理なく答えられるのか。そんなことも、この練習で試行錯誤しながら、編み手さんたちとやり方を考えていきました。

サイズ通りに編むのも至難の業です。気仙沼ニッティングでは、糸を引く手の加減を変えてサイズ調整をすることはありません。家族のためのセーターであれば、「ちょっと大きめに仕上げるために、ゆるく編む」とか「小さく編むために、細い編み針を使う」といったこともあるでしょう。でもそれでは、元のデザインに比べてすかすかで模様が浮き立たなくったり、逆にぎゅっときつくて着心地の固い編み地になったりします。デザインを活かしてサイズ調整をするためには、毎回、お客さんのサイズに合わせて編み図（設計図）を引き直す必要があります。身幅は何センチ、袖は何センチ……とお客さんの体型に合わせてカーディガンの寸法を割り出し、そこから編み図を起こしますが、このとき、元のデザインの美しさを保つのが難しいポイントです。こうしたサイズ調整も、このときに練習したのでした。

ちなみに、欧米で使う編み図は「編み方を文章で書いたもの」です。これに対して日本の編み図は、方眼紙に一マス一目として編み目記号を配置した「設計図」のようなもの。こうした緻密なサイズ調整ができるのは、日本の編み図がこの「設計図」だからこそ。たとえば、「身幅は3センチ狭め、着丈はそのまま、袖は2センチ長くする」といったサイズ調整が必要な場合、欧米の文章ベースの編み図だと、「少し目数を減らして身幅を狭める」ことはできても「3センチ狭める」という作業は難しい。日本では「設計図」としての編み図を用いているからこそ、こうした図形的な調整を正確に行うことができます。実は、デザインを保ちながら正確にサイズ調整できる、スーツのようなオーダーメイドのセーターやカーディガンというのは、日本の編み図だからこそできることなのでした。

じゅんこさん、ゆりこさん、かなえさん、えみこさんの4人は、「着丈を少し伸ばしたから、模様の始まる場所が少し変わるの。こんな風に調整したのだけど、どうかしら」

「家族のものしか編んだことがないから心配だけど……でも心をこめて編むしかないね」

「私のお客さんは、高校生まで水泳をやってたんだって。肩幅があるそうだから、こんな風に調整してみた」

　などと相談しあいながら、丁寧に練習のカーディガンを編んでいきます。毎日少しずつ成長していく編み地を見るのは、楽しみでもありました。


　そうして秋の初め、初めてのカーディガンができあがりました。いよいよ、ほぼ日でお渡しです。社員みんなが集まる場で、

「お待たせいたしました。◯◯さんのカーディガンが編み上がりました」

と発表すると、わーっと歓声があがりました。カーディガンを受け取る人も、そうでない人も、みんな楽しみに待っていた瞬間。カーディガンを渡すと、さっそくその場で包みを開いてみんなふわっと羽織ってみてくれました。サイズもぴったりで、よく似合います。なにより、カーディガンを着ている本人たちが、とてもうれしそう。

「あ、ぴったりだ！」

「なんか、ふわっとしてる。あったかい」

気仙沼から届いたカーディガンには、編み手さんたちからのメッセージを添えました。

「やっと完成しました。いっしょけんめい編みました。そのカーディガンを着て気仙沼に遊びに来てくださいね」

そのメッセージに、泣いてしまう人も。その場には、たしかにうれしさが生まれていました。カーディガンひとつで、人はこれほど、あたたかく、豊かな気持ちになれるんだ。それは「大切にされている」という感覚なのかもしれません。自分のために、心を込めて、ひと針ひと針これを編んでくれた人がいる。

もともと、これは、編み手の技術的な練習のためにつくったものでした。でもそれだけでなく、このやりとりを通して、手編みのカーディガンがこれほど豊かさを生むことを知りました。お客さんがこんなに感動してくれる。それを知った編み手さんたちも、とってもうれしい気持ちになる。お客さんと編み手さん、その双方で生まれる感動を見たことは、これから一歩を踏み出す気仙沼ニッティングにとって大きな勇気になったのでした。

価格のこと

編み物会社を、会社として成立させるには、価格設定が非常に重要でした。セーターを編むのにかかる時間は、デザインや編む人の技量による部分が大きいにしても、標準的なフィッシャーマンズ・セーターでだいたい50～60時間ほど。手の込んだデザインであればさらにかかりますし、編む以外にもサイズ調整をするために編み図を引き直す手間がかかります。一着を仕上げるのにかかるトータルの時間は相当なものです。

気仙沼ニッティングを起ち上げてすぐのころ、糸井さんと最初の商品の価格設定について話しました。まだ、商品のデザインもなにもできる前のことです。編む作業に対し、適正な賃金を支払いたい。そしてもちろん、材料やデザインにもお金はかかる。

「15万円、かな」

実は最初の商品は「値段から決まった」とすら言えます。かかる手間はわかっていたので、これぐらいの価格設定の商品をつくれないと、気仙沼ニッティングは成立しえないと考えました。働く人が「誇り」を持てる仕事を気仙沼につくり、それを持続させていくためには、採算も考える必要がある。

けれど、15万円というのはなかなかの値段です。よっぽどいいものをつくり、「欲しい！」とお客さんに思われないと、買ってもらえない。中途半端なものではなく、

「これが、私たちの信じる『最高にかっこいいカーディガン』です」

と渡せるものをつくらなくてはいけないと思いました。ただ「手間がかかっている」だけでは、値段が高い理由にはなりません。材料も、デザインも、思いっきりいいものにする必要があります。そしてなによりお客さんに「うれしい」と感じてもらえるようにしたい。

「軽くてちくちくしなくて、模様がかっこよく浮き出る毛糸」を求めてオリジナルの毛糸を

一から開発したのも、オーダーメイド形式にしてお客さんに「手編み」のうれしさを最大限楽しんでいただけるようにしたのも、こうした背景があってのことです。「とりあえず気仙沼の人たちがすぐ簡単に編めそうな商品をつくって、手ごろな価格で出してみて、売れるか売れないか見てみよう」という姿勢だったら、きっといつまでたっても気仙沼ニッティングの商品の品質は上がらなかったことでしょう。それに、きっと売れなかったとも思います。「気仙沼の人たちがすぐ簡単に編めそうな商品」というのは、「日本中の人たちが誰でもすぐ自分で編めるもの」でもあるからです。

15万円という価格は、自分たちへのプレッシャーでもありました。その価格に見合う商品をつくらなくてはいけない。デザインも、材料も、編む技術も、お客さんとのやりとりも、どこにも妥協ができない。そしてこれは、スタッフだけでなく、編み手さんにとっての緊張感でもありました。「お客さんが、一生ものだと思って注文してくれたカーディガンなのだから」は編み手さんたちの口癖でもありました。だからこそ、妥協はできない。それは、緊張感であると同時に、編み手さんたちが力量を上げるモチベーションにも、また「そんな大切なものを編んでいる」という仕事の誇りにもなっていきます。

MM01ができた日

２０１２年6月にスタートして5か月。２０１２年11月5日に、三國万里子さんがほぼ日の事務所にやってきました。ついに、気仙沼ニッティングのファーストモデルが完成したのです。三國さんがテーブルに広げたそのカーディガンを見て、「わぁ」と息を飲みました。王道を行くかっこよさと存在感のあるカーディガン。その後気仙沼ニッティングの「核」になっていくファーストモデルを初めて目にしたときに、三國さんと糸井さんと私でした会話を、ほぼ日の山下さんが、記事にしてくれていました。それを読んでいただければこの瞬間のことをお分かりいただけるのではないかと思います。

「ファーストモデルを前にして」　三國万里子×糸井重里×御手洗瑞子の三人で
(２０１2年11月5日、気仙沼ニッティング ウェブサイトより再編集)

糸井　いろいろな感想がわきあがってきますが、まずは、カーディガンにしてよかったですよね。

三國　そう思います。

御手洗　ずっとセーターをつくるつもりだったのに、最終的にはカーディガンに。やはり、日常的に着やすいですよね。室内ではさっと脱ぐこともできるし。

糸井　それにしても、いやぁ……。堂々としています。よく、そのブランドを象徴するようなお店のことを「旗艦店」といいますけど、これは「旗」ですね。ほんとに、すばらしい旗ができたと思います。
御手洗　柄がこんなにくっきりしてるのに、かたくなく、しっとりした手触りなんですね。
三國　それは、毛糸のおかげです。
糸井　わざわざ毛糸からつくったのは、よかったですか。
三國　よかったです。とてもよかった。
御手洗　柄は、基本的にアランの伝統柄で。
三國　そうですね。今回、わたしが自分でつくったのはこの柄だけなんです。ツリー・オブ・ライフという柄があるのですが、それをちょっと太めにアレンジしたものです。なぜかね、気仙沼の何かをつくるときに、この柄が出てくるんですよ。「ＩＰＰＯ」のときもそうでした。
御手洗　ほんとだ。サンマの骨のようにも見えるし気仙沼の大きな樹にも。
三國　たまちゃん、着てみない？
御手洗　（着てみる）わあ。そんなに重くなくて……肌ざわりが、もう……。
糸井　いいね。似合いいます、ほんとに。
御手洗　……ありがとうございました。（脱ぐ）はあ〜、緊張（笑）。

糸井　だろうね（笑）。いま御手洗さんが取り組んでいることの、これはすべての中心なわけだから。ただ、「なにが」、なんでしょう？　いろいろあるアランセーターのなかで、ちょっとした違いでここまでかっこよくなってしまうものの正体は。なにが、そうさせているんでしょう。

三國　うーん。編みものは、ほんとうにひと目ひと目がたくさん集まったものなので……。

糸井　なにが、とは言えない。

三國　ひとつひとつの工夫を言うことはできるんです。でも、それがすべて揃うからこういうカーディガンになっているのかは、よくわからないんです。

糸井　編みはじめるときには、なにかのイメージがあるからはじめられるわけですよね。

三國　そうですね、ある程度は。でもやはり、編みながらかもしれません。そうじゃないと、行き詰まったときに立ち止まれないんですよ。編みながらデザインをしないと、どこかで破綻が出ても、わからないまま終えてしまう。ここを何段ほどいてとか、そんなことのくり返しで、わりと、いちいちなんです。

糸井　それ、文章の話と同じですね。

三國　文章もそうなんですか。

御手洗　似ていると思います。編みものも文章も、「線」でしか進まない。「面」で進むことはないですよね。

糸井　そうですね、面で進まない。絵だったら、面で色を塗れたりするけど。編みものと文章は、線で進んで「あれちがうぞ?」と、もどったりできる。三國さんは編みながら、イメージができていくんですね。

三國　ある程度は、最初にあるんですよ。今回の場合だと、クラシックな感じにしたいとか、そのくらいは。クラシックなアランセーターというのは、これでもかというくらいたくさんのケーブル柄が並んでいるんですね。そうなると、とりとめがなく見えちゃう。なので、なるべく柄の種類は少なくしようと、それは最初から思っていました。

御手洗　三國さんのこのカーディガンは、絵にたとえると白地の部分がけっこう多いような、そんな印象があります。

三國　アランのものをデザインするときって、つい、ここも柄で埋めなきゃって思ってしまいがちなんですね。ぜんぶ埋めることを目的にデザインをすると、どこ見ていいのかわからないようなものになってしまう気がするんです。ですからわたしの場合は、見てほしいところを、ぺらっと置いていくようにデザインしています。

糸井　ますます文章の話をしているみたいですね。「どうしてこう書いたんですか?」ときかれても説明できない。でも、わかってることなんです、書いているときには。

三國　編みながら、なんです。どういうふうにデザインするかということは「自分の目が気持ちいいと言っているかどうか」ということに尽きてしまう。あとは、このカーディガンについては、よく寝て食べて、機嫌よくつくったということなら言えると思います。

糸井　いいなぁ（笑）、カーディガンにそれがあらわれていますよ。しかしまぁ、編みものっていうのは、ロジカルなのにエモーショナルだなぁ。

御手洗　ほんとうに。生々しい。

糸井　そう、生々しい。「手」がある、「手」を感じます。

最初は4着の受注から

気仙沼ニッティングのファーストモデルは「ＭＭ０１」と名付けられました。糸井さんの命名なので説明するのも野暮ってものですが、聞かれることが多いので一応触れると、「三國万里子（Mariko Mikuni）さんのファーストモデル」という意味です。海外で通じる名前でもあり、またリーバイス５０３やライカのＭ７のように、どこかブランド的な硬質さを持つ名前で、とても気に入っています。

三國さんからＭＭ０１のデザインを受け取ってから、編み手チームは猛練習しました。サンプルを編み上げて、三國さんに見てもらい、アドバイスをもらいます。さらに編み図を整備して、お客さんの注文にあわせてサイズを調整する準備も始めます。「身幅を狭めるときは、ここで調整しよう」「着丈はこうかな」など。

大船渡線は、一ノ関から気仙沼へと走る

これ、編めます。

毛糸も編み棒も、お茶もあります。
おやつは、じぶんでね。

IPPO

この手袋の名前をつけました。「イッポ」といいます。

<u>日時</u>　**8月25日（土）、26日（日）**

8月25日（土）13：00〜17：00
三國さんによる手袋「IPPO」の編みものレッスン
8月26日（日）11：00〜17：00
自由な編み物時間

<u>場所</u>　気仙沼のほぼ日

<u>参加費（毛糸・編み棒の実費のみいただきます）</u>
毛糸・編み棒ともにご用意の必要な方→3,500円
ご自分の編み棒をご持参される方→1,500円（5号と6号の4本棒針をお持ちください）

<u>対象</u>　編みものをされたい方なら、どなたでも。

<u>応募方法</u>　ご参加いただく方のお名前・編み棒の要・不要を明記の上、下記までご連絡ください。

Kesennuma knitting

純夫さん

和枝さん

三國さん

貞子さん
（ばっぱ）

健一さん
（じっち）

糸井さん

みたらい

やっちさん

宮井さん

かなえちゃん

えみりちゃん

吉太郎くん

啓志郎くん

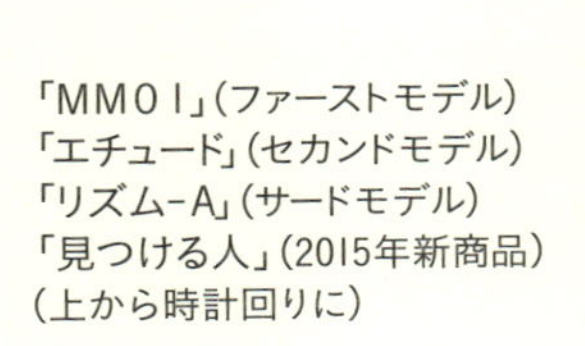

「MM01」（ファーストモデル）
「エチュード」（セカンドモデル）
「リズム-A」（サードモデル）
「見つける人」（2015年新商品）
（上から時計回りに）

週1回の編み会は、編み、笑い、考える時間

編む手元、検品、毛糸、編み図、
毛糸の紡績機（右頁）

「メモリーズ」の窓から見える気仙沼湾、
店内＆外観、お届けの際の箱（左頁）

じゅんこさん

高村ちゃん

かなえさん

ゆりこさん

全国を巡回するミッフィー

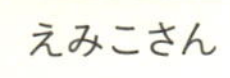
えみこさん

かよこさん

ひでこさん

せつこさん

よしこさん

きょうこさん

このころまでに、毛糸は3色揃いました。68頁の上の写真、「ＭＭ０１」のメインカラーの生成り（きなり）のほかに、ネイビーとチャコールグレー。どちらも、ＡＶＲＩＬさんの力作で、深くて味のあるいい色です。

気仙沼ニッティングがスタートして半年。２０１２年の12月に、初めてＭＭ０１の注文を受け付けることになりました。編み手一人につき1着のカーディガンを受注することとしたため、注文を受けるのはたったの4着。小さなスタートです。大風呂敷を広げるのではなく、まず一人一人のお客さんに向き合って、しっかりと「うれしさ」をお届けすることを大切にしたかったのです。「小さくても成り立つ」ことから始めようと考えました。

気仙沼ニッティングはこの時点ではほぼ日のプロジェクトでしたので、受注はほぼ日のウェブサイト上で行うことになりました。一体何件の申込みがあるかはわかりませんが、受注できるＭＭ０１は4着しかないので、抽選販売の形式をとります。オーダーメイドのカーディガンを受注するなんてみんな初めてのこと。

「編み手さんそれぞれの紹介文もあるといいよね」

「お支払方法はどうする？」

など、手探りでつくっていきます。

抽選販売受付開始前日のことです。ほぼ日の社内では、みっちゃんがウェブページのデザインの最終調整をし、ＩＴを担当するスタッフが、申込みフォームのセットをしています。

ＭＭ０１の販売のために、みんな遅い時間までがんばってくれています。受付開始前日ともなれば、プロジェクトリーダーをしている私もさぞや忙しくなる……かと思いきや、びっくりするほどできることがありませんでした。ウェブデザインもＩＴもわからないので、なんの役にも立たないのです。うーん、どうしよう。みんながんばってもらってるのになにもできず申し訳ない。私にできることはなんだろう……と考えた結果、近所のパン屋さんに行ってコーヒーとシュークリームの差し入れを買ってきました。本当に、それぐらいしかできることがなかったのです。

「よし、これでＭＭ０１の申込みを受け付けられるぞ」という状況になったのは、その日の深夜のこと。いよいよ、準備はできた。でも本当に注文は来るだろうか。これまで半年かけてできることはすべてしてきたつもりですが、それでも注文が入るという保証はどこにもなく、販売を前にして不安がよぎります。給湯室で、みっちゃんとふたりでコーヒーカップを洗っているとき、ふとこんなことを口にしました。

「明日、１件も申込みがこなかったら、どうする？」

するとみっちゃんは、なんでもないことのようにさらっと言いました。

「そうしたら、私注文したい」

予想しなかったその一言があまりにも胸に沁み、

「私も、注文する」

と返して、カップを洗いました。一緒にものをつくっている仲間がその価値を心から信じてくれているということは、なによりも心強いことでした。

翌日、抽選販売の受付を開始すると、続々と注文が入ってきて、あっという間に4件を超えました。そこでまず「あぁ、これで編み手さん全員にMM01を編んでもらうことができる」と安堵し、そこから先は注文が1件ずつ入ってくるごとに、ほとんど拝むような気持ちで「ありがとうございます」とお礼を言うばかりでした。

結局このMM01の最初の抽選販売では100件近い申込みがありました。申し込んでくださった方は、住んでいる地域も年代も性別もバラバラで、幅広い方に見ていただけていることがまたうれしかったです。

ドキドキしながら編んでいく

じゅんこさん、ゆりこさん、かなえさん、えみこさんの4人の編み手さんは、ひとりずつお客さんを担当することになりました。じゅんこさんのお客さんは、ゆったりとMM01を着たい大柄の年配の男性。ゆりこさんのお客さんは、お嬢さんと一緒にMM01を着たいという女性。かなえさんのお客さんは、かなえさんのぜんそくを慮って「ゆっくりでいいですよ」と言ってくださる若い人。えみこさんのお客さんは、日本でひとり暮らしをするお父さんへのプレゼントとして注文してくれた海外在住の方でした。注文の背景も、希望の色やサイズも、それぞれに違います。

みんなメッセージと注文内容を受け取ると、じーっと読んで、しみじみと感動しています。それぞれにお互いが受け取ったメッセージを見せ合ったり、「どんな方だろう」と想像したり。編み手としての、初めてのお客さまです。

各自で、まずご挨拶の手紙を書きました。下書きをして文章を確認し、ペンでひと文字ずつ丁寧に。

ＭＭ０１は、後身頃、左右の前身頃、左右の袖の全５パーツからなり、これをそれぞれに編んだあと、とじあわせ、襟ぐりや前立てをつけていきます。お客さんのサイズに合わせてできあがりの寸法を割り出し、ひとつひとつのパーツの目数を調整し、編み始めます。

「お客さまにとっては、一生もののカーディガンだから」「ひと針ひと針、丁寧に」互いにそんな言葉を繰り返しながら編んでいました。

「編み直し」とは

ある日、編み手さんたちが事務所に集まって、互いに編んだものを見せ合っていたときの

ことです。あるメンバーがゆりこさんの編み上げた後身頃を見て、

「あっ！」

と声を上げました。みんな驚いて彼女が指さす箇所をじーっと見ます。

「1目だけなんだけど、間違えている」。たしかに、言われてみればそうでした。たった1目、本来表目で編むところが裏目になっています。ぱっと見ただけでは気がつかない、小さな間違いです。しかもその後身頃は、チャコールグレーのメランジ（混合糸）の毛糸で編まれていたため、ますます目立たないのでした。お客さまは気づかないかもしれない。でも、たしかにその1目は間違えているのです。

（うわー。これはたしかに、間違えている。直さないとまずいなぁ。でも、ゆりこさんがここまで、何日もかけて編んだものだし。なんて言おう）

そう迷っていたら、ゆりこさんが、

「あらぁ。本当だ。間違えてた。みつけてくれてありがとー。危ないところだった」

と言うなり、しゅるしゅるしゅるーーと後身頃をほどき始めました。間違えていたのは最初の方に編んだところだったため、少しほどくぐらいではすまず、どんどん後身頃はほどかれていきます。間違いを指摘した方が気を遣ってしまい、

「ゆりこさん、いいの？　みつけちゃってごめん」

と言うのですが、ゆりこさんはにこにこしながら、

「いいのいいの。みつかってよかった。ありがとう。大丈夫よ」

と言って、結局後身頃をほとんどほどいてしまいました。ここまで何日もかかったのに、ほどくのはあっという間です。

「たとえお客さまが気づかなくても、一着でも変なものを世に出してしまったら、きっとずっと自分の心には引っかかるでしょ。それに、そういうことをすると、信頼されないと思うの」

とゆりこさんは言います。「お客さまの一生もの」を預かった編み手さんたちのプロ意識に、頭が下がりました。


編み直しが必要なのは、間違えたときだけではありません。後身頃、前身頃、袖と編み上げて、ぜんぶをとじあわせてあとはボタンをつけるばかりというときにサイズを測ってみて、「あ、袖が2センチ長い」となることもあります。パーツごとにサイズを測りながら編んでいても、最後にとじあわせると全体のバランスから少しずつ幅や長さが変わってくるのです。できあがりの寸法が注文のサイズに合っていないとオーダーメイドの意味がないので、そんなときも、編み直しです。袖が2センチ長いなら、2センチほどけば済むような気がしてしまいますが、そうではありません。それではデザインが変わってしまいます。そもそも、サイズに合わせてつくった編み図通りに編んだのに袖が長いということは、編み方そのものがゆるいのです。すると模様がぺにゃんとしたり、着たときに頼りない感じがします。そんなわけで袖が2センチ長いときも、一部をほどくのではなく袖全体の編み直しです。

編み地の緩急（かんきゅう）は手の加減ひとつで決まります。手に編み針を持ち、1目ずつ毛糸を編むことで編み地ができていくのですが、極端な話、指で糸を引く力が5％強ければ、その分編み目がきつくなり、できあがりも5％小さくなってしまいます。セーターやカーディガンでサイズが5％違ったら、洋服としてはワンサイズ違います。淡々と何十時間も繰り返していく編む作業において、数％の狂いもなく手の加減を保ち続けるというのは、大変なことなのです。

ＭＭ01を初めてお届けすることができました

年末に注文をいただいてから2か月ほど経って、続々とＭＭ01が編み上がりました。2か月というのは時間がかかっているようにも感じられますが、緊張しながら、慎重に、ひと針ひと針編み進めていたのです。そうして編み上げられたＭＭ01は、どれも見事な出来栄えとなりました。

２０１３年２月のある日。気仙沼ニッティングに1通のメールが届きました。件名は、

「MM01、到着しました!」。それは、MM01を手にされたお客さまから届いた最初のメールでした。そのメールには、気仙沼ニッティングのロゴマークがエンボス加工された箱を手にして興奮したこと、カーディガンと対面しひと目で気に入ったこと、羽織ってみると編み手さんのぬくもりに包まれているようであったこと、編み手さんからの手紙を読んで涙してしまったこと、そして、いつか家族と一緒に気仙沼に遊びにいきたいということがしるされていました。たくさんのうれしさが、ぎゅっとつまったメールです。

そのメールには、お客さまがMM01を着てうきうきの笑顔になっている写真も添えられていました。サイズも雰囲気もぴったりで、まるで長年なじんだ服のようです。

私たちはずっと、このメールをいただく瞬間を待っていたのかもしれません。

このメールをくださったのは、ゆりこさんのお客さんでした。「サイズはお客さまに合っているだろうか」とずっと気にしていたゆりこさんは、MM01を着て笑っているお客さまの写真を見て涙ぐんでいました。

おたよりの中には、「娘が志望の中学に合格しました」というご報告もあり、私たちまで、我がことのようにうれしくなりました。

たった4着のMM01の受注でしたが、気仙沼ニッティングの事業の核をたしかめられたやりとりでもあります。大丈夫、核はしっかりできた。あとはこれをしっかり育てていこう。そう思えるスタートでした。

4章　恐るべし、気仙沼

同じ日本でも得る情報はずいぶんと違う

気仙沼で暮らし始めてしばらく経つと、テレビや新聞で得られる情報が東京とはまったく違うことに気がつきました。気仙沼では「東日本大震災が風化していると聞くけど、そうなのかなぁ。ＮＨＫでも連日震災関連のことが報道されているのに」などと思っていたある日、東京に行った際にテレビをつけたら報道内容が大きく異なることに気づきました。

なんのことはない、自分が見ていたものが地方版なのでした。テレビは「自分が見ているものと同じものを全国の人も見ている」という感覚を持ちやすいのかもしれません。実際のところは、気仙沼で目にする番組の大半が地方局制作ですし、ＮＨＫでも地域ごとに編集された内容のものが多い。全国放送のテレビドラマの直後に出てくる「○○町にサルが出ました」や「○○保育園には今日節分の行事で鬼が来ました」といったローカルニュースがありますが、全国向けの番組と地域向けの番組がとてもスムーズに切れ目なく流されるので、視聴している人は自分が見ているものがその地域向けの内容であることに気づきにくい。知らず知らずのうちに得ている情報が偏（かたよ）ったものになっているのではないかと思います。

新聞はというと、気仙沼では『三陸新報』という気仙沼・南三陸を対象地域にした地元紙が圧倒的に強く、気仙沼の7割以上の世帯が購読しています。紙面は八面まで。半面ほどを占める「漁業通信」というコーナーでは、「マグロはえなわ」「カツオ」など種類ごとに合計100以上の漁船名が並び、「31幸栄丸　操業中、36大和丸　入れず」など操業状態が日々紹介されます。訃報（ふほう）欄もイベント情報も市内のことについては網羅的で、これさえ読んでいれば気仙沼の生活に必要な情報は大体得られます。一面の記事も地域に密着した内容で、たとえば「年2回航海方式を導入　第7福洋丸が完成　国の支援で代船建造」といった見出しが並びます（2013年10月22日）。

この地域密着型の三陸新報は、地域の情報は漏らさず掲載すると同時に「気仙沼・南三陸以外のニュースは一切載せない」という方針も持っています。これは、価格を抑えており（1部75円、月額1800円）、小さな新聞社であるが故に地域外に記者を派遣するのが難しく、また共同通信などの記事配信を受けるのも財政的に厳しいためだそうです。この方針は徹底していて、2012年11月にアメリカでオバマ大統領が再選されたときも、三陸新報にはそのニュースは出ず、関連記事として気仙沼市内在住の小浜（おばま）さんへのインタビューが出ただけでした。

「ちょっとびっくりだけど、まぁ、海外のニュースだから出ないのかなぁ」

などと思っていたのですが、驚いたのは、２０１３年９月。東北楽天ゴールデンイーグルスがリーグ優勝したときです。全国紙の一面には軒並み楽天イーグルス優勝の記事が並び、一球団の優勝にとどまることなく、震災後2年半の東北にうれしいニュースが生まれたことを祝うムードが全国に広がりました。ですが、なんとその楽天イーグルス優勝のニュースも、三陸新報には載らなかったのです。三陸新報に聞いてみると、その理由は「楽天イーグルスは仙台の球団だから」とのこと。たしかにそうですし、仙台に記者を派遣していなかったのでしょうが、それにしても徹底した「地域密着」ぶりです。

気仙沼にもコンビニやスーパーがあり、大抵のものは買うことができます。「モノが手に入らない」という不便さはあまり感じません。ですが、得られる情報が偏っているという感覚は常にあります。街の人たちの多くが地方版のテレビ番組と地元紙の記事に触れ、その情報が人々の共通認識になっているため、そこでひとつの世界が完結しているようにも感じます。気仙沼に限らずきっと日本中の多くの地域でこうした情報の地域性はあるのでしょう。その中に身を置いていると、なかなか気づきにくいことなのかもしれません。海外に住む人に、日本語の世界がガラパゴス化していると指摘されるのと同じことです。

東北のことが語られない東京と、東北の話題がメインの気仙沼。ふたつの地域を行き来していると、なんだか違う国を見ている気がしてきます。

子ども時代談義

水産資源に恵まれた気仙沼の人たちの暮らしというのは、昔からずいぶん豊かなものであったようです。気仙沼のおかみさんたちふたり（年齢はなんとなく聞けないけれど、たぶん60代）に、子どものころの話を聞いてみました。かよこさんとひでこさんです。

かよこさん　昔はフカヒレ屋の前で、フカヒレを干してたのさ。こう、洗濯バサミのようなもので挟んで。それをトンビが狙って、取り損ねて地面に落とすんだね。

ひでこさん　そうそう、ぽろぽろ落ちてるんだよね。

かよこさん　うん。それで、小学校の帰り道に落ちてるフカヒレをみつけると拾うのさ。それで、縦につぃーっとさく。そうすると、内側はちょっと水分があって。それをなめながら帰ってくんだよね。

ひでこさん　あー、それやったー。でも、フカヒレって味ないんだよね。

かよこさん　うん、味はない。

フカヒレと言えば高級食材ですが、小学校からの帰り道にそれを拾ってしゃぶりながら歩いていたなんて、なんとも贅沢な話です（しかも、「味がない」だなんて……）。まだまだ話は続きます。

ひでこさん　あと、海苔（のり）を干したりもしたよね。
かよこさん　あーそう、それで紙芝居屋に売ってね。
私　え、紙芝居屋さんに海苔を売るんですか？
かよこさん　そうそう。家の近所に紙芝居屋さんがくるの。ドンドンドン、ツクツクツクって大きな太鼓を鳴らしながら。ふつうは、紙芝居見るのに5円かかるのさ。でも、「おんちゃん、海苔でいい？」って聞くと、「あぁ、海苔でいい海苔でいい」って言って、紙芝居屋のおんちゃんが海苔を一枚10円で買ってくれて。
ひでこさん　あと、牡蠣（かき）を干したりね。桟橋の近くに行くと、牡蠣カゴからころげた牡蠣がそのへんにぼとぼと落ちてて。その牡蠣の殻（から）を開けて、干すんだよね。それも、紙芝居屋のおんちゃんに買ってもらうの。
かよこさん　そうそう、おんちゃんからリクエストがあることもあるんだよ。「ホタテもいいな、ホタテ干したの持っておいで」とか。ホタテは25円だったんだよね。

稼いだお小遣いは、家に帰って母さんに渡し、自分で使うことはなかったそうなのですが、それでも「ものを売ってお金を稼ぐ」ということ自体が楽しかったとおかみさんたちは言います。きっと海苔や干し牡蠣、干しホタテを子どもたちから買った紙芝居屋は、内陸の村に行ったときにそれらを売っていたのでしょう。この地域で各地を転々と移動した紙芝居屋は交易商を兼ねていたのかもしれません。

これだけ水産資源に恵まれた気仙沼は、内陸部の農村に比べると飢饉が起こりにくかったのではないか。おかみさんたちに聞くとやはり比較的起こりにくかったようです。おかみさんたちが小さかったころ、近隣の農村で凶作などの事情によりどうしても育てられなくなってしまった子どもが出ると、親が気仙沼に連れてくることがあったのだとか。気仙沼では男の子であれば漁師になって生きていく道があるため、引き取っていたとのこと。そして自分の家の子どもたちと同じように育て、大人になるとお嫁さんをもらって分家にしたのだそうです。農村地域が主体であった東北地方において、気仙沼は小さく豊かな港町であったからこそ、こうして子どもを受け入れることができた。それと同時に、漁師は時に命を落とす危険のある仕事ですから、男手を大切にするという側面もあったのかもしれません。

沖が時化（しけ）ると

秋の初めのことでした。仕事を終えてビールを一杯飲もうかと、やっちさんのお店「アンカーコーヒー」に寄ると、いつもなら座れるはずの店内がすっかり満席です。見てみると、店にいるのはみな東南アジア系の若者たち。10代後半から20代の男性で、こぎれいな格好をしています。それぞれにiPhoneやMacbookを持ち、夢中で画面に向かっている。はて、なぜ今日はこんなに外国の人たちが多いのだろうと思ったら、店員さんが声をかけてくれました。

「ごめんなさいねぇ、今日は空いている席がなくて。ほら、沖が時化てるもんだから」

そういえば、気仙沼はすっかり晴れていますが、その前日に台風が通過したのでした。その台風はいま三陸沖にいて、外洋は時化ており、三陸沖で漁をしていたカツオ船が一斉に気仙沼湾に避難したとのこと。そしてそのカツオ船に乗っていたインドネシア人の若手漁師たちが街に繰り出し、飲食店が混雑しているのだそうです。特にアンカーコーヒーは、経営者のやっちさんがこうした漁師さんのことも考慮して無料のWi-Fi環境を整えているため、スカイプで母国の家族や友人と話したい若者たちがどっと押し寄せたようです。何か月も仕事で航海をしている彼らにとっては、きっと貴重な時間なのでしょう。仲間同士でカフェに来ているにもかかわらず、お互いの会話はあまりなく、それぞれにiPhoneやパソコンに夢中になっているわけがわかったのでした。

「風が吹けば桶屋が儲かる」と言いますが、沖が時化るとカフェが混んで、私はビールを逃す。やれやれ。まったく、気仙沼らしい因果のめぐりです。

買い物でお金がまわる

東京でタクシーに乗るとき「あぁ、ちょっと贅沢しちゃったなぁ」という小さな後ろめたさを感じることがありました。買い物のあとに「今日はずいぶん使っちゃったな」と後悔することも。都会における消費は、モノやサービスと引き換えに、手元にあったお金がどこかに消えていってしまうという感覚があるのかもしれません。

しかし気仙沼で暮らしているとこの感覚はほとんどありません。むしろ、お金を使うことそのものが気持ちよく、意味のあることのように思えるのです。人口7万人弱の気仙沼には大型チェーン店の進出が少なく、飲食店も商店も、気仙沼の人が経営しているところがほとんどです。それに小さな街なので、このお店の店長も、あのカフェのオーナーも、そのタクシー会社の社長も、みんな友人だったりします。このため、買い物も「友達のところにお金を落とす」という感覚です。

タクシーに乗るときは、

「いつもよくしてくれるから、まあ、たまには、気仙沼観光タクシーの宮井さん（タクシー会社の社長で友人）のところにお金落とさないとね」

と思いますし、カフェの近くを通りかかれば、

「あ、やっちさんのアンカーコーヒーで、ちょっと休憩していこうかな」

などとコーヒーを注文します。隣町の陸前高田で醤油や味噌を作っている八木澤商店さんのところにお邪魔したときは、特段自分のものを買う予定はなくても、

「この前仕事でお世話になった○○さんに、美味しいお醤油でも送っておこうかな」

と発送したりします。

常に一方が他方にお金を支払っているわけでもないのです。お金を使うことで地域の企業が売上を立て、人を雇うこともでき、働いている人が稼いだお金をまたどこかで使います。街の中をお金がまわっているという循環を実感できるからこそ、こうして気持ちよく買い物ができるのでしょう。

特に震災後はどこの会社も大変な状況にあったので、ますます「お金を落とそう」とか「買い支えよう」という気持ちがあるのでしょうか。ただし、私のような震災後によそから来た者だけでなく、気仙沼の人たちもまた、お互いにぱっと気持ちよくお金を使い合います。また、気仙沼には贈答の習慣がしっかり残っていて、祝いごとのときには地元の店で買ったものを相手に贈り、受け取った人はまた地元の店で買ったものを内祝いとして返しています。

そんなやりとりを見ていると、この土地には、お互いにお金を使い循環させる仕組みがしっかり根づいていることを感じます。

顔が見える世界でのお金の使い方は、自分の払ったお金がどこに行くのかわからない都会における「消費」とは、ずいぶん性質が異なるものです。

遠い家路

ある寒い夜のこと。息を吸うと肺にすーっと冷たい空気が入ってくるので、ゆっくり小さな呼吸をして体を温めていました。ようやく大船渡線の最終列車が一ノ関駅のプラットフォームにすべりこんでくると、日に焼けたその男性はすっと、ドアと私の間に割り入ってきました。

「あ、並んでるのに」と思ったから、その男性のことはつい目で追ってしまいました。車内でたまたま隣のボックス席に座った彼は、よく見ると、不思議な出で立ちです。黒いセーター一枚に、動きやすそうなズボンにスニーカー。上着は着ていません。冬の東北に来るにはずいぶんと薄着で、ナイロン地のシンプルなショルダーバッグを持っているだけ。「建設作業の仕事で来ている人だろうか」と思ったのですが、そのバッグについている荷札が目を引きました。「NRT」。成田空港着の国際線を利用するときにつけてもらう札です。はて。この人は何者なのだろう。海外旅行から帰ってきたにしては荷物が少なく、出張帰りにしてはカジュアルな格好に見えるけれど。

そんなことを考えながら列車に揺られているうちに、終点の気仙沼駅に着きました。改札を出るとタクシー乗り場にタクシーはおらず、「しょうがない、呼ぼう」と携帯電話を取り出したとき、さっきの男性が雪に降られながら寒そうに立っていることに気づきました。

「タクシー、呼びましょうか」

と声を掛けたところから、立ち話が始まりました。

「寒いね。俺、今タヒチから帰ってきたところなの。やっぱりこっちは冷えるね」

タヒチ、ですか。突然の地名に驚きます。それは、あの南太平洋にある小さな島のことでしょうか。目を丸くする私を見て、彼は楽しそうに答えました。

「うん、そのタヒチ。俺、船に乗ってたの。でもなんだか頭痛とめまいがして、航海の途中だったけど先に帰って来た。船に乗ってるときに倒れると、大変だから」

聞くと彼は遠洋漁業の漁船の技師で、航海中の船を降り、飛行機で帰国したとのこと。

「かあちゃんが駅に迎えに来てくれるはずだったんだけど、日を間違えてもうビール飲んじゃったんだって。でも、お風呂あっためて待っててくれるってさ」

そう言うと、彼はるんるんしながら先に来たタクシーに乗り込んで帰って行きました。あとちょっとで、家ですね。

気仙沼は、遠洋漁業の港町。ふとしたときにこんな風に世界を身近に感じられるのが面白いのです。魚を追いかけてときには地球の反対側まで行く気仙沼の漁師にとっては、地球はまさに球体で、「グローバル」なんてこと、ずっと前から身体でわかっていたのでしょう。

それにしても。頭痛とめまいで仕事を早退するにも、働く場所が南太平洋に浮かぶ船の上だと、ずいぶんと大ごとになって大変です。さっきのおじさん、奥さんに迎えられて、あったかいお風呂に入れるといいな。そんなことを考えながら、私も家路についたのでした。

祈る文化

海に船を出し魚を求めて何か月も、ときには1年以上も航海に出る遠洋漁業は、ハイリスク・ハイリターンの仕事です。運よく大漁になれば大きなお金を稼ぐことができますが、海難事故により命の危険に身をさらすこともあります。

その漁師さんたちを海に送り出した家族は、ただただ漁師さんたちの無事を祈って帰りを待つからか、気仙沼では「祈る」という行為がとても大切にされています。

気仙沼の方の家に遊びに行って驚くのは、神棚の大きさです。漁業関係者のお宅では、大きな畳の部屋の端から端まで何メートルもの板が渡され、神棚になっています。部屋全体がその神棚のためにあるようなつくりです。神棚を飾る「紙きりこ」も立派で、中には漁網に鯛が掛かっている様子を切り絵で表したようなきりこも（にっこり笑顔の魚の切り絵が掛かっているのはなかなかかわいいです）。多くの場合、神棚の下には中心をずらして仏壇も据えられています。気仙沼の人たちは、日々のできごとは仏壇でご先祖様に報告し感謝しつつ、航海安全や大漁祈願は神様に、ということが多いようです。

また、船の神様は女性であるとされており、船の神様がやきもちを焼かないようにと、女性は船に乗ることができません。気仙沼に来たばかりでそんなこともわかっていなかったころ、震災で船を焼失し新しく造船した船主さんが、進水式の前日に船を見せてくれるということで、男性の知人たちと造船所に足を運んだことがありました。なにも知らずうっかりついてきてしまった私を見て、船主さん・船頭さんはとっても申し訳なさそうに、

「ごめんねぇ。でも女の子はだめなんだ」

と言いました。命の危険に身をさらしながら航海をする人たちを前に、過去のならわしも知らずに能天気に船の見学に来てしまった自分こそ短慮でした。

「いつもと違うことをする」のもまた、船にはよくないと言われています。なにか事故が起こると「あれを変えたせいではないか」と考えるのです。たとえば、船長にとって便利なようにと、船長室近くにあった神棚を外してお手洗いを設置した船で事故があったときは「あの工事がいけなかった」と言われたそうです。

漁船の関係者は、「なるべくいつもと違うことをしないように」と心がけています。何かの変更が直接事故の要因になっているわけではなくとも、いつなにが起こるかわからない世界では「いい結果を生んだときの条件を、なるべくそのまま保ち続けたい」のです。

「だから漁師には、やると決めたことをずっとやり通す精神力が必要なのさ」とは、ある気仙沼のおかみさんの言葉です。


日々の行動に気を遣うのは海に出る人ばかりではありません。漁師さんの帰りを待つ家族もまた同じです。毎月1日と15日に、漁師の奥さんたちは神社にお参りをするそうです。

漁業関係の会社を営むおかみさんに伺い、素敵だなと思った話があります。

「家族でもめごとがあると、不思議と、海の上にいる船にも伝わってしまうものなんだよ。だから、家で待つ家族はみんな仲よく暮らしていなくちゃいけないんだ」

海の上にいる家族の安全のために、陸に残っている家族はみな仲よく暮らすのだという考えは、気仙沼らしい温かさだと感じます。


気仙沼に来て、一番好きになった土地の言葉もまた、祈りに関するものでした。それは、「とうどござりす」という言葉。「尊いものでございます」という意味です。

神様に向かったとき、どういう神様でどのようにお祈りをしていいのかわからないときは、ただ手を合わせ「とうどござりす（あなた様は尊いものでございます）」と言いなさい、と教えたそうです。

気仙沼の中でも、中心地から外れた地域で使われる言葉だと聞きます。外に開けた港町の気仙沼には、きっと知らない神様が他地域からやってくることも多かったのでしょう。そんなとき、その神様になにかをねだるのではなく、ただ「あなた様は尊いものでございます」と手を合わせる。なんとも気持ちよく、気仙沼の人の寛大さと謙虚さを表すような言葉です。

5章　てんやわんやニッティング

シンプルなセーター

２０１２年の暮れ。ＭＭ０１の最初の注文を受けて編み手さんの作業が始まったころ、同時にもうひとつの話が水面下で進行していました。それは、気仙沼ニッティングの次の商品についてです。

ＭＭ０１は、「最高にかっこいいカーディガンをつくろう」と意気込んでつくった作品だったので、デザイン的に手が込んでおり、またオーダーメイドなので技術的な難易度が非常に高いものでした。特に技術のある４人がようやく編めるというものだったため、最初の受注はわずか４着。抽選販売はかなりの高倍率となり、申し込んでくださった方の大半ははずれ。抽選結果のご連絡をしながら、「望んでくださる方にもっと広く商品を届けたい」という気持ちが募りました。そのためには、ＭＭ０１を編める編み手さんを増やしていくことが第一ですが、たとえ人数が2倍になっても、MM01を編める数は知れています。より広く商品を届けるためには、MM01以外の新しい商品を考える必要がありました。

　考えた結果、「つい毎日着たくなっちゃうような、シンプルで使い勝手のいいセーター」というところに行きつきました。オーダーメイドのMM01は「一生着られる服」「次の代にまで引き継ぎたい服」としての注文が多いもので、「晴れ着」の部類です。それとは別に、ふだん着として気軽にたっぷり着られて、それでいて「これ、気仙沼のお母さんが手編みしたものなんだよ」とちょっと自慢げに言えるような、そんなセーターもあったらと考えたのです。デザインもシンプルにして編みやすくすることで、より多くの人が編み手として参加できる商品にする。そして編みやすい分価格を落とし、お客さんにとって少し手に取りやすくする。セカンドモデルの商品で、お客さんと編み手さんの幅を同時に広げていこうと考えました。


　このセカンドモデルは、コンセプトこそ早々にはっきりしたものの難産で、糸井さんや三國さんと何度も話し合いをしました。

「シンプルな編み地にするのだったら、糸をカシミヤにするのはどうでしょう。シンプルなカシミヤのセーターってうれしいかなと」

「カシミヤは、なるべく細い糸で編む方がよさが引きたつ素材。そうなると人間の手より機械が得意な領域なのよね」

「そっかぁ。細い糸になればなるほど編むにも時間がかかって、『手に取りやすい価格』にはできなくなるなぁ」

「あと、シンプルなセーターを編むのって編み手さんたちが退屈じゃないかしら。ずっと単調な編み地が続くから」

「それは大丈夫だと思いますよ。編みやすいものを淡々と編む方が、心を無にできて気持ちがいい、という声も多いんです」

こんな話し合いの数か月後、三國さんが編み上げたセカンドモデルのプロトタイプを見て、糸井さんも私も「そう、こんなセーター！」と声を上げました。ネイビーのフィッシャーマンズ・セーターで、シンプルだけれど新しいデザイン。オーソドックスなのだけれど野暮ったくなく、服としてかっこいい。それが、翌冬に発売になった「エチュード」でした。

編み手さん、たくさん入る

このセカンドモデルが、気仙沼ニッティングの最初の成長の素地になりました。

２０１３年5月30日、「気仙沼のほぼ日」には16人の地元の人が集まっていました。以前開催した「手袋ワークショップ」に参加していた方もいれば、お世話になっている友人のお母さんや、下宿先のじっちの茶飲み友達もいます。それに、まったくお会いしたことのない方も。この日、気仙沼ニッティングは初めての「編み手募集説明会」を開催したのです。気仙沼ニッティングが目指していること、やっていること、これからやりたいこと、そこで仲間になってくれる編み手さんを募集していること。順番に説明していきます。また、「気仙沼ニッティングは、世界を目指します」という話もしました。気仙沼発で、世界中の人に「かっこいいね、素敵だね」と思ってもらえるブランドをつくりたいと。東京から来た若者が、突然気仙沼の街で「世界を目指します」なんて言い出して、「なぁに言ってんだべっちゃぁ」と笑われてもおかしくないところです。でも！　その説明会に集まった方々は、苦笑したり及び腰になったりするどころか、

「おお！　それはいいね！」

「うん、世界を目指すブランドにするなら、気仙沼は向いているよ！」

と大盛り上がり。目をキラキラさせて話を聞いてくれました。さすが、世界の海を股にかける遠洋漁業の港町・気仙沼の人たちです。

……と、盛り上がった説明会ではありましたが、詳しい仕事内容になると、参加者の方々は不安そうです。先輩編み手であるじゅんこさん、ゆりこさん、かなえさんが仕事について話すと、参加者から質問が相次ぎました。

「私でも、大丈夫だべか」

「セーターは編めるの？」

「家族のはたくさん編んだけど」

「大丈夫。根気よくやっていけば、商品になるセーターも編めるようになるから。私たちも、ちゃんと教えるから」

先輩の言葉に勇気づけられてか、参加者の人たちの顔がだんだんと明るくなっていきます。説明会の最後に、私から編み手の仕事への申込み方法を説明しました。

「編み手になりたい方は、今日から2週間後の○○日までに、この電話番号かメールアドレスまでご連絡ください」

きっとみんな家に帰って悩んだり、家族と相談する時間も必要だろうと2週間の期間を取ったのですが、私が言うなり、ぱっと手が挙がりました。コーヒーショップで働いているえりこさんでした。

「あの、2週間後だと忘れちゃうかもしれないので、いま言ってもいいですか？　編み手、やりたいです！」

すると、どんどん続いて声が上がりました。

「私も。やりまーす」

「最初へたくそかもしれないけど、がんばれば、できるようになるかな。私も、編み手に入れてください」

しまいにはほとんどの人が手を挙げ、なんと会場にいた16人のうち15人がその場で編み手を希望してくれたのでした。

1年前のことを思い出します。当時は口コミで集まってくださった人たちが、「実はそんなに編めない」「編み手の仕事とは知らなかった」といったことを理由に次々と抜けて、途方に暮れていました。1年経って、ドキドキしながら迎えた「編み手募集説明会」でこれだけの方が「編み手になりたい」と言ってくださったことに感無量です。ようやく少しずつ地元の方に信頼されるようになったのです。

それまで、少しずつしか事業を進められなくて焦る日もありました。けれどこのとき、「ものごとには順序があり、人が決心するにはタイミングがある」ということを痛感しました。もとの性格がせっかちなためか、つい気がはやることもあるのですが、一人で走っても大きな動きにはなりません。よく周りを見ながら、焦らず着実に会社を進めていこうと決心させられるできごとでした。

会社設立

スタートからちょうど1年。未熟ではありますが、気仙沼ニッティングは、株式会社として独立することになりました。

「気仙沼ニッティングが、会社になります」

今日は、うれしいご報告をさせてください。
昨年の6月より本格スタートしましたプロジェクト「気仙沼ニッティング」が、この度株式会社として独立し、「株式会社気仙沼ニッティング」となりました。

事業をはじめて1年。
とても小さく未熟ながらも、こうしてひとり立ちする日を迎えられましたこと、心よりうれしく思っております。これもひとえに、これまでみなさまに応援していただき、助けていただいたおかげです。ありがとうございました。

ひとり立ちし、一人前の会社としてやっていくには、
これから数々のチャレンジがあることと思います。
しかし同時に、会社になったことで、
気仙沼ニッティングはどこまでも大きくなっていく可能性を得たように思います。

たくさんの可能性のつまった気仙沼ニッティングです。
この度、わたくし御手洗瑞子が社長を務めさせていただくことになりましたが、
自分の器でこの会社の可能性をせばめてしまうことのないように、
気仙沼ニッティングが、どこまでもすくすく素直に成長できるように、
丁寧に、大切に育てさせていただきたいと思います。

働くひとが「誇り」を感じられる仕事をつくりたい。
お客様が「大切にされている」とうれしく感じられる商品をお届けしたい。
そして世界中の人から素敵だと思われるものをつくっていきたい。

ひそかに抱く夢は大きいのですが、一歩ずつしっかりと、進んで参りたいと思います。
今後ともお見守りいただけますと幸いです。何卒よろしくお願い申し上げます。

株式会社気仙沼ニッティング
御手洗瑞子

このとき、気仙沼ニッティングがお世話になっていた方々に送った手紙です。まだまだよちよち歩きですが、「ほぼ日」という巣から出て、ひとり立ちしていくことになったのです。

会社設立と同時に、「気仙沼のほぼ日」には気仙沼ニッティングの看板も掲げられました。いつもお世話になっている「三角屋」の三浦史朗さんが、会社設立のお祝いに気仙沼ニッティングのロゴマークを金属板に彫ったかっこいい看板をプレゼントしてくれました。地元の工務店がこれを設置しに来てくれたのですが、「いよいよ会社になるんですね」とうれしそうに、位置はここでいいか、曲がってないか、何度も確認しながら、にこにこと扉に看板をつけてくれました。いよいよ、ここに会社ができたのです。

株式会社気仙沼ニッティングは、気仙沼市で登記しました。一プロジェクトを法人にしたことで、ただここで事業をし人によろこばれるというだけでなく、収益を上げることができれば気仙沼に納税できるようになります。「会社になるってすごいなぁ」と、しみじみと登記簿謄本をながめました。

気仙沼ニッティングが目指すこと

また、編み手さんが増え、気仙沼ニッティングが会社になったこのタイミングで、気仙沼ニッティングの「目指すこと」を発表しました。それまでに何度もことあるごとに口では言っていたのですが、より多くの方に知っていただき、参加していただくため、この機会に書いておこうと思ったのでした。それは、いつか自分たちがもっと先に進んでいったときに立ち戻れる原点を記しておきたいという意味もありました。

「誇り」をもって仕事をしていきたい。
だれかに、よろこばれることが実感できるような仕事を、編んでいきたいと考えています。

「うれしさ」を伝えていきたい。
編むことのうれしさが、着てくださる人に伝わって、何年も何代にも渡って愛されていくようなニット。そんな商品をデザインし、つくり、お届けしていきます。

気仙沼の「稼げる会社」になりたい。
被災地であることが忘れられても、しっかりと暮らしの糧を得られる会社になりたい。

その経営の基盤を気仙沼につくっていこうと考えています。

世界中のひとがお客さまに。

日本だけでなく、世界中のひとに求められるものをつくっていく。
東北の気仙沼（Kesennuma）という地名が、
素敵で高品質なニット商品を生み育てる場所として、
世界に知られていきますように。

夢は大きいのですが、まだまだ未熟で小さな会社です。
でも、チャレンジする気持ちはあまるほどあります。
応援してくれる仲間もたくさん見てくれています。
視線は高く遠くに、気仙沼の港から船出します。

この文章はいまでもときどき読み返します。いまの自分たちはこのビジョンから外れていないか、よりこのビジョンを実現していくためにどうしたらよいか。そんなことを自問するための原点でもあります。

女子校みたいな編み会

最初の1年は編み手が4人しかいなかった気仙沼ニッティングですが、会社になると同時に新たに15人もの編み手が加わって、状況は一変。大所帯でにぎやかになりました。この15人の編み手さんたちがまた、明るくて、よくおしゃべりして、よく笑って、パワフルなのです。編み手さんたちは毎週水曜日に事務所に集まって、みんなで練習をします。これを私たちは「編み会」と呼んでいるのですが、この編み会が毎度大さわぎ。

編み会ではMM01を編んでいるかなえさんとじゅんこさんが先生役になり、15人の新米さんたちを教えます。新人が編むのは、気仙沼ニッティングのセカンドモデルとなるセーターです。MM01に比べればシンプルとはいえ、商品になるクオリティで編むのは簡単なことではなく、編み会は毎回大混乱です。

編み手さんA　先生、せんせーーーーい!!　ここどうするんですかぁーーーー!!
先生　はーい、いま行きまーす。
編み手さんB　あれ、ここわかんなくなっちゃった。せんせーーーい!!
先生　はーい。
編み手さんC　できました！　これでいいですかぁーー？

先生　みなさん、順番!!　Aさん、Bさん、Cさんの順に行きますから！
編み手さんD　社長ーー!!　毛糸が足りなくなりましたーーーー!!

と、2時間の編み会は終始こんな感じです。みなさんいい大人なのですが、編み会の様子はまるで学校の教室です。ちょっとでもわからないところがあると呼ばれるので、2時間の編み会が終わると、先生役のかなえさんとじゅんこさんは毎回ぐったりとしていました。

また、編み会中はおしゃべりにも花が咲きます。

「学校はどちらでした？」

「私、鼎が浦高校です」

「え、じゃぁ一緒だっちゃ!!　何年卒？　わぁ！　1学年違い」

「ばばば（驚いたときに言う言葉）！　じゃぁA先生わかる？」

と盛り上がります。ときには、昔流行っていた曲を思い出して、何人かで熱唱していることも。よくいままで近所から苦情が来なかったと思うほど、毎度にぎやかな編み会です。

手編みのセーターの難しさ

セカンドモデルは、プレタポルテ（オーダーメイドではなく先に作られている服のこと）のセーター「エチュード」です。ＭＭ０１より技術的な難易度は低いのですが、これにはまた別の難しさがありました。

まず、シンプルであるがゆえに、粗(あら)が目立ちやすい。編む手の加減が安定していないと、手編みの編み地はすぐ表面がぼこぼこしてしまうのですが、エチュードはシンプルなメリヤス地の面積が広いのですぐわかってしまいます。一定の調子で、すーっと伸びるように広がる編み地に仕上げるのはなかなか難しい。

また、サイズどおりに仕上げるのも簡単なことではありません。エチュードはプレタポルテなので、Ｓサイズ、Ｍサイズなどサイズが決まっています。Ｓは身幅何センチ、着丈何センチなどとサイズを表記してあり、お客さんはそれを基にして買うので、袖が短かったり着丈が長くなったりしてはいけません。ひと目ひと目手で編みながら、できあがりのセーターを目標どおりのサイズに仕上げるのは実はなかなか難しいことです。手加減ひとつで編み地の大きさはすぐ変わってしまいます。

最後の難関は、模様をキリッとかっこよく浮き立たせることです。エチュードはシンプルなデザインの中に、胸から上に入る水面のようなジグザグの波模様が特徴です。たくさんの模様が盛り込まれているわけではない分、このジグザグの美しさがセーター全体の印象を引き締めます。まっすぐな直線が鋭角に折れたジグザグはかっこいいのですが、これがぐにゃぐにゃとだらしないと、セーター全体も締りがなくなるのです。

このすべてが、手の加減だけで決まるのです。手編みとは不思議なもので、気持ちが苛立っているときに編むとつい手に力が入るのか編み地がきつくなり、逆に気が散漫になっていると手から力が抜けるのか妙にゆるい編み地になります。このため、きれいなセーターを編み上げるには、ずっと平常心を保って淡々と同じ調子で編んでいくことが求められるのです。

ある編み手さんは、エチュードを練習しているとき「平常心、平常心」とつぶやきながら、ふと顔をあげ、

「あら、なんか編み物って禅みたいね」

と笑いました。

たしかにそうなのかもしれません。編み物をしていると気持ちが落ち着くとよく言いますが、一方で、編み地がその人の心の波を映すため、それを見て自分の心を落ち着ける方向に持っていけるという面もあるようです。

編み会のときは大変にぎやかな編み手さんたちですが、すっときれいなエチュードが編み上がっているのを見ると、きっとどこかで心の静かな時間をつくっているのだろうと感じます。

社長の商品チェック

毎週の編み会で先生役のじゅんこさん・かなえさんが、エチュードがきちんと編めているか確認してくれているのですが、最後商品にできるかどうかのチェックは社長である私の仕事です。

と言っても、主観的に判断しているわけではありません。編み手さんたちには「エチュード　チェックリスト」なるものを配付していて、そこにはニコちゃんマーク付きで「事前に確認しましょう！☺」と書いてあります。商品チェック時に私が確認するのと同じ項目をリストアップし、編む人が事前に確認できるようにしてあります。ここには、身幅・着丈・袖丈・模様部分丈など詳細な寸法はもちろんのこと、

□　メリヤス編みがきれいに編めているか（たわんだり、でこぼこしたりしていないか）
□　セーターがきれいなT字型になっているか（模様部分の編み地がきついと袖が挙がってしまいます）
□　脇下のマチや肩のとじ目に穴がないか
□　脇の増やし目、袖の減らし目の位置はあっているか
□　肩を持ったときにセーターがびろ〜〜んと伸びないか
□　模様編みがすかすかしていないか
□　ゴム編み止めは十分に伸びるか

など、セーターとして美しく着やすくあるためのポイントが並びます。このチェックリストは、エチュードを編み始めてもらってしばらく経ってからつくったものでした。「きれいなセーター」「いまいちなセーター」はわかっても、なぜいまいちなのか、最初はわからない。編み手さんたちが何着ものセーターを編み、たくさんのサンプルが生まれたおかげで、きれいなものはなぜきれいで、いまいちなものはなぜいまいちなのかがわかるようになり、ポイントをまとめてリスト化することができたのでした。

月に一度の「商品チェックの日」に、私が完成したセーターを一着ずつチェックしていきます。商品として十分な出来であることが確認されるとそのセーターは納品になり、どこかダメな部分があると「編み直し」です。

編み手さんたちはこの「社長の商品チェック」の前に、何度もこのリストを見て自分で確認をしてきているのですが、それでもこの日は部屋中に緊張が走ります。

編み会をしている事務所は広いワンルームのスペースで、中央に大きな木のテーブルがあり、メンバーはその両脇に座ります。商品チェックはその机の一角で行い、ひとりずつ順番に編み上がったセーターを持ってそこにやって来ます。同じテーブルでやることなので、チェックの様子は当然他の人たちからも見えるのですが、商品チェックにセーターを持ってきた人は決まって、

「やだ～～。見ないで！　みんなあっち向いてて！」

などと恥ずかしがります。一方周りの人たちは、

「だぁれ～（なに～）、きれいだっちゃ！　すっごいねぇ、見てこの編み地。きれいだよぉ」

「え、どれどれ。あぁ、本当だ。模様もよく出てるねぇ。ちょっと触ってもいい？」

など興味津々です。また、編む作業をしながら自分の商品チェックの順番がまわってくるのを待っている人たちも、

「ひぃ～～～緊張する～～～」

「あたし、今回自信ない。今回こそ、だめかもしれない」

「え～～～、○○さんは大丈夫よぉ。いつもきれいだもん」

「そんなことないっちゃ。いっぱい編み直ししてんだよ～」

などと全体的にそわそわしています。こんな様子も、まるで学校の教室です。

大変なことも笑いのネタ

ところで、気仙沼ニッティングの編み手さんの多くは東日本大震災で被災しており、まだ仮設住宅に住んでいる人たちもいます。

ある編み会でのことです。仮設住宅に住んでいる編み手さんがこんな話をしていました。

「いやぁ、うちの仮設もひどいもんだべ。ばーちゃんがそれまでぼっとん便所の家に住んでたもんだから、水洗トイレを知らなくて、水洗ならなんでも流せると思ってトイレットペーパーの芯だのゴミだのぼんぼん投げっから（捨てるから）、仮設のトイレがつまってつまって……」

この話に編み手さんたちは大笑い。そして競うように次々と持ちネタの「仮設住宅おもしろハプニング」を披露しては、どっと笑いが起こります。

「この前の台風で仮設の基礎が腐ったのか、すごい数のナメクジが出るようになってね。昨日なんて、どこにいたと思う？　なんと、夜中に目を覚まして起きたら、こんなところにーーー!!　キャーーーーー!!」

とか、

「うちの仮設、ばーちゃんがインターフォンの使い方わかんないもんだから、ピンポーンって鳴るとドアのところに行くのっさ。それでのぞき窓から誰来たんだか見ようとすんだけど、よく見えない。『だんだべ、だんだべ（誰だ、誰だ）、見えねぇぞ』って。息子帰ってきたのに、なかなかドア開けなくて大変だったんだー」

といった具合です。編み手さんのおもしろハプニングのレパートリーは尽きません。話の中身は生活環境が変わって大変になった話です。「仮設住宅に暮らしていて、こんなに不便を感じています」と暗い話にすることもできるはず。でも、編み手さんたちにかかるとどれもおもしろおかしい話になってしまうのです。

こんな話にこそ、現場のリアリティを感じます。もしかしたら、外にいる人間の方がかえって、こうした話を悲劇仕立てに語りたがるのかもしれません。でも、編み手さんたちにとって仮設住宅での生活は「現実」です。大変なことは山のようにあるに違いありませんが、それを嘆いていても仕方がなく、その環境でいかに不便を克服して少しでも快適に暮らすか、今日という日を楽しく過ごすかに知恵と心を使っているのでしょう。

気仙沼ニッティングだより

気仙沼ニッティングに大勢の新米編み手さんが加わって「エチュード」の練習を始めてから、毎週編み会のときに「気仙沼ニッティングだより」という手書きの手紙を発行するようになりました。編み手さんが４人のときは、直接話せたのですが、総勢19人になるとそうもいかないので、伝える手段が欲しいなと思ったのです。

２０１３年７月に発行を始めて、11月にエチュードの展示販売会を行ったときまでの「気仙沼ニッティングだより」から、いくつか紹介します。小さな気仙沼ニッティングが新しい仲間を迎え、少しずつ会社として育っていく過程の記録です。

vol. 1（2013. 7. 3）

みなさんこんにちは、御手洗です。このおたよりは気仙沼ニッティングの編み手のみなさんにお知らせしたいこと・お話ししたいことなどを書いていこうと思っています。どれぐらいの頻度で発行できるかわかりませんが、ぼちぼち楽しくやっていこうと思いますので、どうぞよろしくお願いいたします。今日は2つほどお話しさせてください。

○ほどくこと

先週、たくさんの方が途中まで編まれたものをほどかれたと思います。あぁ、机に並ぶくるくるになった毛糸の山……。ガックリきますよね。私もほどくのは好きではありません。でも、この仕事を始めて気がついたのですが、編み物はプロの人ほど、間違いに気が付くといさぎよくほどいちゃうんですよね。それは、三國万里子さんもMM01の編み手のみなさんも同じです。あるときMM01を編んでいた編み手の方が後身頃を全部編み上げたころに、たった1目だけ最初の方に間違いがあるのをみつけました。チャコールグレーの毛糸で、言われてもよくよく見ないとわからないような小さな間違いです。うーん……。でもそれをみつけた編み手さんは、なんのためらいもなく「いいの、いいの。大丈夫だから」と言ってしゅるしゅるしゅるーーーっとその場で全部ほどいてしまいました。なんたる男気（女性ですが）！　いやぁ、かっこよかったです。三國先生もよく「ほどくのも勉強」と言われます。ほどいて、目を拾って……ということをしているうちに、目が編み目に慣れてよく見えるようになるということもあるようです。もちろん、毛糸はほどくと少しずつやせ細ってしまい、ときには糸を交換する必要も出てきます。商品を編むにはほどかぬにこしたことはありません。それでも、間違えてしまったら、しょうがない。先輩のＭＭ０１の編み手さんたちも、きっと私の知らぬところで涙を飲んでほどいていることがあるかもしれません。

○会社をつくっていくにあたって

気仙沼ニッティングは去年の６月に始まって、今年の６月に会社になりました。できたてほやほやです。ですので、お気づきのように、まだまだ色々なことができていません。特にこんなにたくさんの方に入っていただいたのは初めてなので、みんなで一緒にやっていくためにどんな約束が必要なのか、これから試行錯誤しながら決めていかなくてはならないこともたくさんあります。まだまだ会社が未熟で編み手のみなさんにご不便をおかけしてしまうこともあると思います。ごめんなさい。でも、株式会社気仙沼ニッティングの最初から編み手として参加してくださったみなさんには、ぜひ一緒に、会社づくりに参加していただけるとうれしいです。一緒に、がんばりましょう！

編み手のみなさんに特にお願いしたいことは、周りの人を助けてあげてほしいということです。これから、たとえば、どうしてもおうちの事情で編み会に来られなかったとか、お子さんを連れて来ないといけないなど、色々なことがあると思います。そんなとき「あれでいいのか」と批判的に見るのではなく、どうにか参加しやすいようにサポートしていただけるとうれしいです。本来なら、会社として気仙沼ニッティングがサポートすべきこともたくさんあると思うのですが、まだスタッフが私ひとりの小さな会社ですので、手の届かぬ部分があるかと思います。気づくことがあれば、ぜひ周りの編み手の方をサポートしていただけるとうれしいです。そして、どなたかの助けを得られた方は、ぜひ、その方にありがとうございましたとお礼をお伝え頂けるとうれしいです。私の至らなさゆえ、お力添えをお願いし恐縮ですが、どうぞよろしくお願いいたします。すがすがしい空気の、楽しい会社をつくっていかれるよう、がんばりましょう。

vol. 2 (2013. 7. 10)

○小さな町から世界を目指すこと

気仙沼ニッティングは、世界中のひとに「かっこいい！」「素敵！」と思われる会社になりたいと思っています。世界に知られるブランドになりたい。今そういうと「えー、またそんな夢みたいなことを」と思う方もいるかもしれません。でも、今私たちが知っているブランドにも、それぞれにはじまりがあり、小さいけれど頑張っていた時期があります。たとえば、エルメスはもともと馬具をつくっている会社でした。自動車が出てきて馬車が減り、馬具が売れなくなっていくことを予見して途中から鞄や財布などの革製品を作りはじめ、今に至るのだといいます。

気仙沼よりもずっと小さな町でスタートして、世界に知られるようになったブランドもあります。ニットとは少し違いますが、今日はそのブランドの歴史についてご紹介させてください。きっとみなさんもご存知の会社だと思うので、どこか想像しながら読んでみてくださいね。

その小さな町は、ドイツのヘルツォーゲンアウラハというところです。いまの人口は2万人強。気仙沼の1／3ほどの人口しかいません。その町に、むかしダスラーさんというご家族が住んでいました。お父さんは靴職人で、お母さんは洗たく屋さんをしていました。いまから90年ほど前のことです。ダスラー一家の2人の息子は、一緒に会社をつくることにしました。「ダスラー兄弟商会」という靴をつくる会社です。ダスラー兄弟は、当時お金もなかったので、お母さんの洗たく屋さんの場所を借りてこの会社をはじめました。電気も安定していなかったので、2人はよく自転車をこいで発電していたそうです。

そうやって小さなところからスタートしたダスラー兄弟の会社は、2人のがんばりがあってだんだんと大きくなりました。けれど、そんなときに第2次世界大戦がはじまり、ちょっとしたスタンスの違いから兄弟は仲が悪くなってしまい、ついには２人の関係に完全に亀裂が入ってしまいました。

戦争が終わって、２人は会社を２つに分けることにしました。そして２人とも、靴の会社を続けました。

弟の名前はアドルフ、あだなはアディ。アディは自分のあだなの「アディ」と苗字の「ダスラー」から自分の会社に名前をつけました。その会社の名前は、「アディダス」。

お兄ちゃんの名前はルドルフ。ルドルフは、ルドルフの「ル」とダスラーの「ダ」から自分の会社を「ルーダ」と名付けました。しかし、すぐに会社の名前を「ルーダ」に似たリズムでもっと軽妙な印象の名前に変えました。ルドルフの会社の名前は「プーマ」です。

いま世界中のひとが知っている「アディダス」と「プーマ」はこうして生まれました。これだけ世界に広がったいまも、アディダスもプーマも本社を元のヘルツォーゲンアウラハという小さな町においています。

気仙沼ニッティングは、社名に「気仙沼」が入っているので、世界中どこに出て行ってもKesennuma の会社だと覚えてもらえますね！

vol. 4 (2013. 7. 24)

○気仙沼のフェンシング

２０１２年の夏、ロンドンオリンピックが開幕し、日本中・世界中がひと夏オリンピックに熱狂しました。私にとっては気仙沼で観る初めてのオリンピックでしたが、なにより驚いたのは気仙沼の人々が一番注目しテレビの前で盛り上がり、結果に一喜一憂する競技が「フェンシング」であるということでした。日本中で気仙沼ほど皆が一丸となってフェンシングを応援した地域はなかったのではないでしょうか。気仙沼の人があれほどフェンシングの試合の行方に注目したのは、やはり、日本代表チームに千田健太選手や菅原智恵子選手のような気仙沼出身の選手がいたからでしょう。おふたりの後輩や教え子の人たちにとっては、知っている先輩や先生がオリンピックの舞台で活躍するなんて、夢のようなことだったと思います。

人口が７万人程度の街から、ある競技において世界の舞台で活躍できる選手をこれほど出すなんて、統計的に考えたらすごいことだと思います。なぜ、気仙沼ではこれほどフェンシングが強いのでしょうか。気仙沼の人は特別運動神経がいいのでしょうか（でも、だったら他の競技も強くなるはず……）。もしくは、突然変異が起こって「フェンシングが強い遺伝子」が気仙沼でできたのでしょうか（どんな遺伝子なのかはよくわかりませんが……）。でも現実的な答えは別のところにある気がします。

個人的には、気仙沼でフェンシングが強いのは大きく２つの理由からではないかと思います。ひとつは、気仙沼では若いうちからフェンシングをやる人の人数が多いこと。すそ野が広い。もうひとつは、その人たちにとっての身近なロールモデルが、世界に通用するレベルの人たちであること。先生や先輩がオリンピックに出ていたら、習う人たちは「僕もいつかオリンピックに出たい」と自然と目標が高くなるでしょう。それに日ごろ見る先生・先輩のレベルが高いと、自然と習う人たちの力も上がっていくのではないかと思います（中途半端な癖もつきにくいですし）。

これは気仙沼のフェンシングだけでなく、いろいろなことに当てはまるように思います。Jリーグのチームが強い地域は、そもそもサッカーをやっている小学生のすそ野が広い、サッカーの盛んな地域だったりします。先輩がたくさん東大に行くような進学校では、後輩も何となく東大を目指し、受かりやすいようにも見えます。最初になにかに強くなった場所は、「それをやる人が多くなる（すそ野が広がる）」ことと「レベルの高いお手本を見られるようになる」ことで、どんどんその強みが磨かれていくのかもしれませんね。

○編みものだと、どうでしょう

最近、東京など気仙沼以外に住む方々から「気仙沼の編みものワークショップに参加してみたいです」と言われることがよくあります。気仙沼でたくさんの方が楽しそうに編みものをしているのを見て、なんとなく「気仙沼は編みものの街」「あそこで編みものをしたら楽しそう」と思ってくださっているのかもしれません。気仙沼にはすでに素晴らしい編み手の方々がたくさんいますし、この後も増えていくでしょう。気仙沼にフェンシングの強い選手がたくさんいるようなものです。こんな素敵な編み手さんたちがたくさんいる場所で、高校生のような若い世代がみんな編みものを始めたら、楽しいなぁ。そして、その中からすっごく編みものの上手な人が出てきたり。そんな不思議な編みものの街の様子を見て、遠くから編みものを習いに気仙沼に人が来るようになっても、楽しいかもしれません。「気仙沼ニッティングの編み手さん」を起点に、木が根を張るように気仙沼に楽しく豊かな編みものの広がりが生まれ、その広がりの中から世界で活躍する編み物マスターが生まれたら素敵だなぁと夢想します。

vol. 5 (2013. 7. 31)

○なぜ気仙沼ニッティングの商品がほしいのか

こんにちは。先日の大雨は大変でした。みなさまのご自宅は無事でしたでしょうか。気仙沼ニッティングの事務所は、道路から少し高台になっているおかげか、ギリギリ浸水をまぬがれました。でも、あぶなかったです。やっぱり水は要注意ですね。

さて、今日はなにについて書こうかなと迷ったのですが、気仙沼ニッティングのお客さまについて書くことにしました。気仙沼ニッティングは、実物のお店をかまえているわけではありませんが、実物のお店と同じようにお客さまがいますし、そのお客さまたちの顔を見て商売をしていかなくてはいけません。「なにをよろこんでくださっているのか」「どうして商品を手に取ってくださったのか」など、お客さまの顔を見て商売をしていかなくてはならないのは、インターネットのお店も実物のお店も同じだと思います。そんなわけで今日は、3月にMM01の抽選販売を行ったときに申し込んでくださったお客さまが寄せてくださったコメントを紹介します。こんな感じです。

☼「寒いのが苦手な妻が、このセーターで温かく冬を過ごしてくれればうれしいです。宜しくお願いします」(40代男性、栃木県)

☼「こんなにたくさんのことを想像させるニットは他にないと思います。自分のクローゼットにこのニットが掛かる日を願ってやみません」(30代女性、東京都)

☼「こんなセーター待ってました！　本当に欲しいです！　東北の人と縁ができるのもうれしいです！」(30代男性、岡山県)

☼「一生もののカーディガンを一枚は持っておきたいと前から考えていました。やっと少しゆとりが持てるようになった今、申し込みをさせていただきます。どうぞ当たりますように……」(50代女性、愛知県)

☼「いつも優しく家族を守ってくれる主人に贈りたくて、申し込みます。よろしくお願いいたします」(50代女性、香川県)

☼「このカーディガンを知ったとき、久しぶりに一枚の服がくれるドキドキ・ワクワクの気持ちを思い出しました。こんなガッツがあって、繊細でユニークな作品が生み出されていることに感激しています。気仙沼ニッティング、皆さまくれぐれもお元気で。ファンとしてこれからも応援していきます！」(女性、東京都)

☼「南無、当選！」(40代男性、神奈川県)

☼「今回の応募は夫のカーディガンをお願いしたいと思います。息子が二人いるので、夫が着なくなってもどちらかの息子が着てくれると思いながら、良いものを残したいと思い応募します」(50代女性、北海道)

3月はこんな申込みが全国から70件以上も寄せられました。こんなに気仙沼ニッティングの商品をのぞんでくださるお客さまが日本中にいること、心から感謝です。このお客さま方の顔を見ながら、私たちは、お客さまによろこんでもらえることはなにかを考え、丁寧につくっていかねばと思います。たくさん、よろこんでいただきたいですね！

vol. 6（2013. 8. 7）

○自分が編んでいるものがかわいいか

エチュードの編み会が始まって1か月半ほど。ずいぶんたくさんのエチュードがいっせいに形を見せはじめて、私もとてもわくわくしています。同じデザインのものを同じサイズで編んでも、編み手の人によって、またそのときの状態によって、生まれてくるものはそれぞれ違う表情を持つものですね。ひとつひとつに個性のあるエチュードが生まれてきていて、なんだか楽しいです。

さて、編み会の最初のころにも一度お話ししたことがありますが、たまに編んでいる手を止めて、自分の編んでいるものと少し話してみてください。自分の編んでいるセーターがどんな表情をしているか見てあげてくださいね。そのときに、きっとつい「間違えてないか」ばかりに注目してしまうのではないかと思います。もちろん、それは編みながらずっと気をつけていただきたいのですが、たまにセーターと距離を取って離れて見るときは「自分が編んでいるものがかわいいか」を意識してみてください。「うわー、何度やってもゲージがあわない」「この模様、難しくてやになっちゃうなぁ」など、むしゃくしゃしながら編んでいると、不思議とそれが編み地に出てしまっていたり、しませんか？

私は、この仕事を始めてから、たくさんの手編みのセーターを見るようになりました。するとどうも「正しく編めているかどうか」とは別に、そのセーターが「かっこいいか」「素敵か」「かわいいか」という問いがあるように感じています。正しく編めているものが、すべてチャーミングだとは限らないのですね（機械編のような手編み、に見えたとき、それはうれしいのだろうか？）。一方で、少しくらい編み目がふぞろいでも、とてつもなくチャーミングなセーターって、あるんですよね。「うわぁ！」と言いたくなるような（実は私がアラン島で気に入って買ったセーターは、そんなに編み目がそろっていないのです）。

エチュードは商品なので、サイズは大切です。それに、襟ぐりが小さかったり、模様が変だったり、わきの下に穴が開いて見えるようなセーターを手にしたら、お客さまはがっかりしてしまいます。なので、まず「正しく編むこと」は必要です。

でもその上でぜひ、自分が編んでいるものが素敵かどうか、見てみてくださいね。自分がそのセーターを手にしたお客さんだと思って。料理で味見をするようなものかもしれませんね。「正しい料理」と「おいしい料理」はきっとイコールではないはず。

○美しい絵

最近『エスプリ思考』（川島蓉子著、新潮社）という本を読みました。エルメス本社の副社長でいらっしゃる齋藤峰明さんという方についてのお話を紹介した本です。その本の中に、齋藤さんの言葉としてこんなものがありました。

「千住博さんが語った好きなエピソードがあるのです。人が絵画を見て本当に感動するのは、絵そのものというより、美しい絵を描こうとして作家が闘った痕跡を感じるから、というものです」

これはもしかしたら、編みものにも通ずるのかもしれないなぁと思いました。

vol. 7（2013. 8. 21）

○エルメスと虎屋さん

みなさま、お盆はいかがお過ごしでしたでしょうか。ご親戚がいらしてお忙しかった方が多いかもしれませんね。私も短いお休みをいただいて、暑い中海に出かけて行ったり（クラゲに刺されました）、友人たちに会ったりとリフレッシュする時間を過ごさせていただきました。

またそんな中、８月15日には、ずっと楽しみにしていた対談イベントに行ってまいりました。前回の編み会で少しお話しさせていただきましたが、虎屋の黒川光博社長とエルメス本社の齋藤峰明副社長の対談です。テーマは「変わるもの、変わらないもの」。虎屋もエルメスも、老舗でありながら、ただ頑なになにかを守っているのではなく、どんどん新しいことに挑戦している会社です。また両社とも、職人さんが「いいもの」をつくることを会社の軸においています。気仙沼ニッティングにとってもきっとたくさんの学びがあるだろうと、メモとペンを握りしめていそいそと会場に向かったのでした。

そして、本当に素晴らしかった。まず感銘を受けたのは、おふたりの仕事の哲学や経営の考え方がとても近く、お話が深い部分で通底していること。日本の老舗の虎屋さんとフランスのエルメスの考え方がそっくりというのは新鮮でした。

たとえば齋藤さんも黒川さんも、老舗として今を生きるにあたって「なにを変えてよく、なにを変えてはいけないか」を線引きしているわけではないのだそうです。一度それを決めてしまっては、会社はその時点でストップしてしまい、生きものとしての成長が終わってしまう。「いいもの」をつくることを大切にするけれど、その「いいもの」は時代によっても移り変わる。虎屋の黒川さんは、もっとお客さまにおいしいと思ってもらえるものができるなら、明日にでも羊羹の味を変えていいと思いながらやっているそうです。でも結果として、味はそんなに変わっていない。やはり相当研究してつくりあげてきた味は、すでに洗練されていて、「もっとおいしいものができるならすぐにでも変える」と思っていてもそうそう変わらないのですね。

またエルメスは毎年20万点もの種類の商品を提案しているのだそうですが、「売れ筋」はやたらとつくらないと決めているのだそうです。「売れ筋」というのは多くの人に買われるものですから、いわば最大公約数であり、そこを狙うとつまらない商品になってしまう。

「売れそうなもの」ではなく（そしてもちろん「つくりやすいもの」「いま自分たちにつくれるもの」ではなく）「こういうものがあったらいいな」と思うものに挑戦するのだそうです。中には、難しすぎて実現できないものもあるとのこと。

黒川さん、齋藤さんのお話に共通していたのは、持っているものを守るのでもなく、売れるものをつくろうとするのでもなく、いまのお客さまによろこんでいただける「いいもの」をいつでも考えて、挑戦していくという姿勢でした。そして本当に考え抜き、妥協なくつくった「いいもの」は、時を経ても価値が続き、文化を越えて国境を越えて人に通ずるのだということも伝わってきました。

最後に黒川さん・齋藤さんと短くお話しさせて頂く機会があったのですが、気仙沼ニッティングにもご興味を持ってくださり、また応援していただきました。エルメスの齋藤さんは「これから、日本の地方から世界に出ていくという流れがもっと出てきてほしいし、それはできると思っているんです」ともお話ししてくださいました。ありがたい、勇気の出るお言葉！

気仙沼ニッティングも、「いいものをつくる会社」として頑張っていきましょう！

vol. 10（2013. 9. 11）

○元気です

編み手のみなさまこんにちは。今日は私が欠席してしまいまして、すみません。少し体調をくずしまして、今週は東京で病院などに行くため、気仙沼での編み会は欠席させて頂くことにいたしました。体調を崩したと言っても、熱が出たり頭痛があったりするわけではなく、単にセキがコホコホと出たり、ちょっと息がしにくかったりするぐらいです。軽いぜんそくかと思うのですが、早めに病院で診てもらって直した方がよかろうということで、万全を期すため行ってまいります。

私がコンサルティング会社で若手コンサルタントとしてモリモリ働いているときでしたら、たぶん全然休まなかった程度だと思うのですが、やっぱり「社長」になると「万が一にも倒れちゃいかん」と思うものですね。

しかし、今回ちょっとだけ不調になってみて（鬼の霍乱（かくらん）でしょうか）、編み会はかなえさん・田村さん・小山さんもいらっしゃいますし、みなさんきっと楽しく編んでいるのが想像できてあまり心配はないのですが、その他の社業全般はほぼ私がやっていることもあり、私が休んだら会社が止まってしまうようでは、こりゃ会社として弱すぎるなぁとあらためて思いました。お客さまとのやりとり、ＭＭ０１やエチュードの販売準備、業者さんとのやりとり、経理、ウェブ管理、メディア対応、営業などなど……。「日々のことがまわる仕組み」をきちんと作っておかねばと思った次第です。

エチュードの販売

２０１３年６月に気仙沼ニッティングに加わった新米さんたちは、約半年かけてエチュードをマスターし、11月末にはついに東京で「展示販売会」を開くことができました。

それまで唯一の商品だったＭＭ０１はオーダーメイドなので、いつもインターネット上で抽選販売をしており、店頭に並べることはできませんでした。セカンドモデルとして発売したエチュードは、プレタポルテのセーターなので、商品を用意してお客さまに見てもらうことができるのです！　エチュードのお披露目となる初回販売は、展示販売会の場をつくりました。

インターネット上でのＭＭ０１の抽選販売は、いつも全国各地から申込みがあります。でも、エチュードの展示販売会は東京だけ。それも、たった一日です。お客さんは、この日、この場所に来てくださる方に限定されます。一体どれぐらいの方が、お休みの日に時間をさいて、電車に乗って、このエチュードのために会場に来てくださるのでしょうか……。

開場の13時、ドキドキしながら会場のドアを開けると、なんとそこには、すでにお客さんの列ができていました。オープンと同時にわっと会場に入っていらしたその流れは、その後も途切れることなく夕方まで続きました。エチュードを試着して、「わぁ、思ったより軽い！　着るとこんな感じでラインが出るんだ。かわいい〜。白いパンツに合いますね！」と言ってよろこぶ若い女性の方や、「あら。しっくりくる。なんだか、前から持っていた服みたいに、はまります」と言ってそのまま着て帰る男性の方。「二人おそろいで買おうと思ってね」とご夫婦で買われる年配のお客さまも。みなさん、とっても素敵で、見ている私たちもうきうきします。実際に着て「いいねぇ」と気にいって買っていただけるというのは大変うれしいことでした。

展示販売会後の最初の編み会で、編み手さんたちのところに、お客さまからのメッセージを届けました。

☼「最初に試着したこのエチュードがすごくしっくり来て、この一着に決めました。大切に着ます」

☼「エチュードは、僕にとって初めての手編みのセーターです。着るとやさしくて、あったかくて、とても気に入りました。ありがとうございます。気仙沼は寒いと思いますが、どうぞお身体に気をつけてください」

エチュードを購入したお客さんが、自分の買ったエチュードを編んだ編み手さんにメッセージをくださったのでした。

ある編み手さんはそのメッセージを読んで「『お身体大切に』って書いてある〜〜〜!!」と涙ぐんでいました。なかなか編み上がりの寸法が合わなくて、何度もほどいて編み直しをしていた編み手さんでした。

お客さまからの「ありがとう」の言葉が、作り手にとってはなによりのよろこびになるのです。

日記より（2013. 10. 14）
いつのまにかうちの編み手さんたちがすっかり体育会系の雰囲気を帯びたプロ集団になりつつある。先週、某婦人誌の取材があったのだけど、ＭＭ０１の編み手さんたちが語っていたことがすごくかっこよかった。以下、抜粋。
◇「お客さんは一生ものだと思って注文してくださるので。それを編むという責任を感じます」
◇「そうそう。ひと針ひと針、すごい緊張感を持って編んでるんです」
◇「緊張感がプレッシャー？　いや、そういうわけではなくて。『自分にはできる』と思

◇っているから」「うんうん、越えられる壁なの（笑）」

◇「緊張感や責任感はあるのだけど、でも、編み物は落ち着くことでもあるの。コーヒーを飲んだり、甘いものを食べたりするのとおんなじ。編み針を持つと、ほっと落ち着くのね」

◇「そう、編んでいると体調もいいしね。張り合いがあるから。毎年梅雨は風邪をひいて入院してたのだけど、今年はお仕事がいっぱいあって、風邪を引くひまもなかった（笑）」

◇「あ、御手洗さんが厳しいとかそういうことではないんですよ（笑）。編み手である私たちの気持ちの問題なんです。納得できないものは世に出したくない。たとえお客さんは気づかないような間違いでも、変なものをお出ししたら、ずーっと心に引っかかってしまう」

◇「社長さんは、うちの娘と同い年なんです。やっぱり若いからか、私たちが思いもつかないことを考えるので、よく目が点になります（笑）」

◇「そうそう。気仙沼ニッティングは、すごく夢が大きいの。世界に出ていく、とか。だから、がんばらなくては、と思うの」

◇「私、いま69歳なんですけどね。もとは素人だったから、いっぱい学ぶことがあって。だから今は、進化の途上なんです。ポケモンみたい」

◇「おっとりしてムードメーカーの○○さんもいれば、ズバッと方向性を出す△△さんもいる。私たちね、すっごくいいチームなんです」「そうそう、いいチームだね。でこぼこだけど（笑）」

いつのまにか編み手さんたちがプロ意識の高いチームになっていた。いつのまにこうなったのだろう。後輩の編み手さんたちが入って教える立場になったことも、先輩たちにとっては大きかったのかもなぁ。なんだか、取材を傍で聞いていて感無量。取材にいらしたライターさんは「体育会系なんですねえ」と驚いて帰って行った。


そういえば先日事務所で編み会をしていたとき、エチュードを編んでいる編み手さんも、

「私、これ編んでいるところ夢にも出てきた〜」

「あはは、私は夢には出てないけど、編み止めのところとか、何度も目を閉じて想像してイメトレしてる〜」

と言っていた。そこまで深く編み物の世界に入っているんだ。

日記より（2013. 11. 4）

電車に乗りながらも、編み物をしながらも、ごはんを食べながらも、ずーっと仕事のこと

（というか会社のこと）を考えている。

気仙沼で始めた編み物の会社、というとなんだか冗談みたいだし、「ほんわかやってそう」というイメージを持つ人もいるかもしれないけど、ところがどっこい、かなり頭をひねってやっている。編み物という題材で、ここまで大真面目に戦略的に考えたりできるのかと自分でも可笑しく思うほど、一生懸命に頭をくりくりさせている。

それほど、難しいということでもある。もともと被災した地域で始めたものだから「ビジネス上有利な条件が揃っていた」というスタートではない。お金もないし、せめて知恵ぐらい絞らないとなにもできない。

でも「気仙沼で始めた編み物の会社」という冗談のような設定でも、ひとつひとつ考え、知恵をこらし、判断し、一生懸命やっていけば、こんなところまで行けるんだというのを、見せたいなと思う。「世界で通用するブランド」になると言っているけれど、たぶんそれは夢ではないと、やりながら思う。夢としてではなく、具体的な目標として、ひとつひとつ考え進んでいて、ちゃんと、山道を歩いている感触が足の裏にある。

よくお客さんを見ながら、編み手の人を見ながら、なにがこの会社の核となる価値になるのか考えながら、次に出す商品や、そのための組織づくりや、お客さんへの届け方を考えていく。なにでよろこんでもらい、なにで売上を立てるのか。お客さんのことを考えると考えが右に行き、編み手さんのことを考えると左に行き、売上のことを考えると上に行きと、振り子はいろんな方向に振れるのだけど、そうやって何度も思考実験をしながら道筋を考えていくしかないだろう。難しいと思える道ほど、歩いていて面白い。

決算黒字！

２０１３年６月に法人化して10か月。株式会社気仙沼ニッティングは２０１４年３月にその初年度を終えました。たった10か月ですが、気仙沼ニッティングにとっては多くの変化のある時間でした。

それまで４人しかいなかった気仙沼ニッティングに15人の編み手が加わり、11月にはセカンドモデルのエチュードを展示販売。２月にはさらに10人以上が加わり、気仙沼ニッティングは30人を超える大所帯になりました。さらにエチュードのネット販売も行い、冬に「ほぼ日」から出した手袋と帽子の編み物キットも人気が出ました。もちろん、ＭＭ０１の受注も続いています。小さな会社が、大きな一歩を踏み出した10か月でした。１年前に比べると、編み手さんの数は10倍近くになっています。

そんな初年度を終えてみると、なんと！（と社長が言うのも変ですが）ありがたいことに気仙沼ニッティングの決算は黒字でした。初年度、わずかばかりではありますが利益を生み出すことができたのです。

最初の一歩で黒字を出せたことは、大きな勇気になります。手編み物の事業は大きな設備投資などない一方、規模を拡大すれば利益率が大きく上がるというものでもありません。事業規模が小さくても「成立する」ことは重要でした。今はまだ小さいけれど、これをちゃんと育てていけば大丈夫。そう思える結果でした。

もうひとつ、黒字を出せてうれしいことがありました。それは、気仙沼市に納税できることです。一時的な復興支援ではなく、気仙沼に根づいて持続的に地域に利益を還元していけるようになりたいと考え会社を設立したので、気仙沼ニッティングにとっては最高にうれしいことでした。

黒字であることがわかって最初の編み会。冒頭で、編み手さんたちに発表しました。

「えー、今日はお知らせがあります。みなさんが、こつこつとセーターやカーディガンを編んでくださったおかげで、気仙沼ニッティングは初年度を黒字で終えることができました！これで、無事に気仙沼市に納税できます。ありがとうございます！」

その途端、わーーーーーーー!! と大きな歓声が上がり、拍手が起こりました。いつもにぎやかな編み会ですが、このときの歓声はそれまでで一番大きなものでした。

「すごーーーーーい!!」

「本当にーーーー!!??」

と驚く声に交じって、ある編み手さんのひと言が聞こえました。

「うわぁ、よかった。これで、肩で風を切って気仙沼を歩けます」

心の底から出てきたようなその言葉が、なにより胸に響きました。編み手さんが肩で風を切って気仙沼を歩ける。会社を起ち上げてよかったと、冥利に尽きた瞬間でした。

編み手さんたちは商品を納品した段階で編み代を受け取っているため、会社が利益を出しているかどうかは彼女たちの収入に直接は関係ありません。それでも、会社が黒字で気仙沼市に納税できることになったというニュースにこれほどよろこんでくれたのです。自分たちの仕事によって会社が利益を出し、地域に貢献している。そこまで含めてこそ働くことはよろこびであり、また「誇り」なのだと編み手さんたちから学んだのでした。


編み会でこの発表をした日の夜、気仙沼市役所が粋なことをやってくれました。気仙沼市役所秘書広報課が持つツイッターの公式アカウントで、こんなツイートをしてくれたのです。

「気仙沼ニッティングさんから『初年度、黒字となり市に納税できます』と嬉しい報告がありました。結果報告に編み手の皆さんがすごく喜ばれたとのこと。この取組みに心から感謝です。」

納税をすることについて行政から「感謝です」と言われるなんてそれまで経験したこともなく、このサプライズツイートには驚きましたが、とてもうれしく思いました。感謝の言葉そのものもうれしいですし、また、「みんなの前で言ってくれた」というのもありがたいことでした。編み手さんたちにとっても、きっと誇らしいことだったろうと思います。

この一連のできごとは、「社会の公器」としての会社の役割を改めて考えさせられるものでもありました。会社は、その事業を通じてお客さんによろこんでもらい、働く人に暮らしの糧を提供し、納税をすることで地域に利益を還元する。また働く人にとっては、自分の仕事を通じてお客さんがよろこび、会社が地域の役に立っていることが「誇り」になる。

気仙沼という小さな街で起ち上げた小さな会社であったからこそ学べた、会社の存在意義です。

一緒に働く若者たち

気仙沼ニッティングの編み手さんは50～60代の方が多いのですが、この会社を切り盛りしているのは後から順に加わったかなり若いスタッフたちです。

２０１４年の春、最初の社員として気仙沼ニッティングに加わってくれた高村美郷ちゃん（通称：高村ちゃん）は、東京の美大を卒業したのち気仙沼に移住し、気仙沼ニッティングで働き始めた新卒社員です。大変しっかり者で、どんなことが起こっても落ち着いて淡々と対処していくその肝の据わりっぷりから、外部の方から新人と思われることはまずなく、圧倒的なベテラン感を醸し出していました。社長である私は事業を前へ前へと進めていくのですが、それをオペレーションに落とし込み、ルーチンとして回す体制を整えていくのが高村ちゃんの役割です。商品在庫の管理や販売など、気仙沼ニッティングの仕事の基礎は、高村ちゃんが1年目に築いてくれました。また東京で展示販売会を開くときも、リーダーは私ではなく彼女です。会場の設営をし、シフトを決め、当日のマニュアルを作ってお店を切り盛りします。

社員のほかに忘れてはならないのが学生インターンたちです。気仙沼ニッティングには大体いつも1〜2名の学生インターンがいて、数か月〜半年ほど気仙沼に住み込んで仕事をしてくれています。気仙沼ニッティングに集まる若者たちはなぜかキャラの濃い人が多く、このインターンたちのおかげでいつもにぎやかです。東京で流氷の研究をしていた永川くん、大分県の別府からはるばるやってきた梶尾くん、おじいちゃんおばあちゃんの家が気仙沼にあるみさちゃん。それに、もう就職したというのに販売の度に手伝いに来てくれる野村さん、などなど。みんな年齢は20代前半。気仙沼ニッティングはこんな若いメンバーたちが運営しているのでした。編み手さんたちにとっても、次から次へと気仙沼の外から若者がやってきてくれるのは楽しみなようで、

「モウカの星って食べたことある？　モウカ鮫の心臓。気仙沼ではよく食べるんだよ」

「漁師さんに鮭もらったから、イクラを漬けたの。みんなで食べて」

などと、インターンの子たちにいつも気仙沼の美味しいものをたくさんおすそわけしてくれていました。「地元のおばちゃんと、よそから来た若者」という組み合わせは、持ちつ持たれつ、しっくり来るようです。若者たちが一生懸命仕事をして会社を支える一方で、編み手さんたちはそんな若者たちがちゃんと生活しているかをいつも気にかけてくれています。

「気仙沼の冬は、寒いでしょ？　これ、家で余っていたから、よかったら使って」と、編み手さんがストーブやホットカーペットを貸してくれることもありました。そういう編み手さんたちの母性的な優しさがあったからこそ、よそからやって来たインターンの子たちも、気仙沼で楽しく安心して暮らしていくことができる。またインターンの子たちが、気仙沼のあんなところが面白いこんなところが不思議だと言うのを聞くと、編み手さんたちはよろこんで気仙沼の話をし、そんな会話の中から「なるほど、それって気仙沼にしかないことなのね！」と気仙沼の面白さを発見していくこともありました。一見デコボココンビのようなこの「地元のおばちゃんと、よそから来た若者」という組み合わせがカチッとはまって両輪となり、気仙沼ニッティングは走っていきました。

スタッフのほとんどが新卒社員や学生だったので、やる気は人一倍でも未熟さゆえの粗相は多々ありました。たとえば東京で展示販売会を開催したときのこと。当日だけ手伝いに来てくれていたスタッフが、お客さまに商品のご案内をしていました。そのお客さんはゆっくりとセーターを見て、手ざわりをたしかめ、なつかしそうにつぶやきました。

「私の祖母も、気仙沼ではないのだけれど、東北の出身でね。私が小さいころよくセーターを編んでくれたの」

このお話を聞いてなにか相槌を打たなくてはと思ったそのスタッフは、なんて言ったらよいのかわからずとっさに、

「そうなのですね。私のおばあちゃんはセーターは編んでくれませんでした。あ、でも東北ではなくて関西です」

と返事をしていました。隣でこの返答を小耳に挟み、「いやいやいや！　自分のおばあちゃんの話はいいから！」と冷や汗が出ましたが、お客さまはポカンとされたものの適当に話を流してくださり事なきを得ました。

お客さまや編み手さん、関係者のみなさんに寛大に接していただいて、気仙沼ニッティングはどうにかやってこられたのでした。そういえば、ちょうどこのころ気仙沼ニッティングに来たインターンの梶尾くんが、

「外から見ていたときは気仙沼ニッティングってもう完成している会社に見えていたんですけど、中に入ってみて『よくまわっているなぁ』と思いました」

と言っていました。彼が思っていたよりずっと少人数で、かつ若いメンバーが仕事の大半をまわしているのでそう思ったのでしょう。この後気仙沼ニッティングはだんだんと組織を強化していくのですが、このころは特に毎日がてんやわんやで、まさに「よくまわっているなぁ」という状態だったのでした。

バーター経済とお米の差し入れ

インターンの学生たちには大した給料を出すことはできませんが、家を離れて気仙沼にやって来てくれた子たちに、暖かいところで寝て美味しいものを食べ、健康でいてほしいという思いから、住むところと夕食は会社で手当てをすることにしていました。ただ、住むところといっても、津波によって住宅の多くが流失してしまっている気仙沼ではひとり暮らしできるようなアパートはほとんどありません。そこで、会社で市役所・県庁から仮設住宅を借り受けて、インターンの学生たちはそこで寝泊まりしていました。

また夜ごはんは、私の下宿先の斉吉商店さんでみんなで一緒にいただきます。食費は気仙沼ニッティングから斉吉商店さんにお支払いするのですが、斉吉さんで人手が足りていないときは、気仙沼ニッティングのインターン生が週に何時間か斉吉商店で仕事をし、その分夜ごはんをいただくという形です。

まるでバーター（物々交換）経済ですが、これがなかなかうまくまわりました。斉吉商店さんにとっては、人手が足りないときに仕事を手伝ってくれる人が来てくれる。インターンにとっては美味しい夜ごはんを食べることができる。気仙沼ニッティングにとってはインターンの子が栄養のあるごはんを食べて健康に過ごせることがなにより。大勢で食べるごはんは楽しく、斉吉のじっちもばっぱもよろこんでくれました。

こんな風にお金を介さず、バーターで全員が充ち足りる取引をつくることができるのは新鮮でした。東京で働いていたころは、すべての取引はお金とサービス・物を交換するもののように考えていましたが、誰がなにを必要としているのかを深く把握できるコミュニティにおいては、こうしてニーズのあうものを交換しあうことでみんながハッピーになる取引をつくれるのです。

一見うまくまわっているこの夜ごはんシステムだったのですが、ひやひやすることもありました。斉吉さんのごはんがあまりにも美味しく、ついたくさん食べすぎて胃袋が大きくなってしまうのか、男子インターン生たちがものすごい量のごはんを食べるのです。もちろんばっぱは、「遠慮しないで、たくさん食べらいん（食べなさい）！」と言ってくれるのですが、こちらが斉吉さんに納めている食費や労働時間は一定なので、うちのインターン生たちがあんまりたくさんごはんを食べているのを見ると、負担になっていないかとハラハラしてしまいます。

　そんなとき、なんともありがたい差し入れがありました。仕事先の方が、ご実家の田んぼでとれたお米を10キロも送ってくださったのです。お客さんに手土産でお菓子などをいただくことはありましたが、お米というのは初めてでした。そしてそれはなによりもありがたい差し入れでした。さっそく10キロの米袋を斉吉に持っていき、ばっぱに「お米をいただいたのですが、うちの若者たちが異様にたくさんごはんをいただいているので、よかったら使ってください」と渡したのでした。うちのインターンがごはんをたくさん食べているからと言って、もし追加の代金をお支払いしようとしたらきっと遠慮されてしまったことでしょう。「追加のお米」というのは実にちょうどよく、お米を差し入れにしてくださった方のセンスに感謝、でした。

気仙沼にお店をつくる

　２０１４年の秋。気仙沼の海を見渡せる丘の上に、小さな青い建物ができました。お店と言っても単に商品を並べて売っているだけの場所ではありません。そこでは、編み手さんたちに会え、セーターが編まれている様子をじっくり見ることもでき、お茶を飲みながら気仙沼湾を行き交う船をぼんやり眺めることもできます。

気仙沼ニッティングでご注文いただくということは、
もしかしたら、気仙沼にひとり、
遠い親戚ができるようなことかもしれません。
あなたのために心をこめて、
あたたかいセーターやカーディガンを編んでくれる人がいる。
気仙沼にふらりと遊びに行けば、会いに寄れる人がいる。
その人を通して、気仙沼の季節を感じることができる。
そでがほつれたら、どうしたらいいのか相談できる。
カーディガンを着た写真を送って、
「うれしい」を伝えることもできる……。
そんな人が、東北の気仙沼にひとりできる。

気仙沼ニッティングが初めて「MM01」の受注をしたころ、ウェブサイトに「気仙沼ニッティングはこんなお店です」というタイトルの紹介文を書きました。
そんな願いどおり、お客さんがMM01やエチュードを着て気仙沼に遊びに来てくださることがよくあります。編み手さんたちも、お客さんに出会えて大よろこびです。中には夏休みの度に気仙沼に遊びに来てくださるお客さんもいらっしゃいます。一着のセーターやカー

ディガンを通して気仙沼という街を知り、遊びに行ける場所がひとつ増えるというのであれば、それはなによりうれしいことです。

また、「今度気仙沼に旅行に行くのですが、気仙沼ニッティングの見学もできますか？」というお問合せもよく来ていました。しかし残念ながら、それまで気仙沼ニッティングには事務所しかなく、だれでも自由に商品を手に取り、編む作業を見学できるような場所ではなかったため、お断りするしかありませんでした。それが心苦しく、当初から思い描いていた「気仙沼に来たついでにふらっと寄って編み手さんに会えるようなお店」を現実につくりたいなぁと漠然と考えているときに、丘の上の小さな家が一軒空いたことを知りました。気仙沼は震災前、海の近くの低地の方が栄えていて、丘の上のその一帯は地元でも知らない人が多いエリアでした。

一体どんなところだろう。よく車で通る坂道から、枝のように別れた細い道に入り、曲がりくねった坂道を上り、車の通れない狭い路地を少し歩くと、その小さな平屋がありました。古いけれどよく手入れの行き届いている家です。ガラガラと引き戸の玄関を開けて中に入り、しーんと空気の止まった畳の間にあがり、窓の前まで歩いて来たところで立ち尽くしました。海側に大きく開いた窓はまるで額縁（がくぶち）で、その窓越しに見える景色に釘付けになってしまったのです。眼下には波の穏やかな深い青色の気仙沼の海が広がり、ゆったりとフェリーが航行しています。海の向こうの正面の遠景には、対岸となる山と、そこに立ち並ぶ家々。その奥には、海の色を映した澄んだ空が続きます。4月の終わりだったこの時期は、ちょうど家の下にある桜並木が満開で、ソメイヨシノの花越しにこの海と山の光景が広がっていました。しばらくの間、窓の前から動けなくなり、ぽかんとその景色を眺めていました。気仙沼に、こんな場所があるなんて。秘密の特等席をみつけてしまった気分でした。ここにお店ができたらどんなに素敵だろう。初めて気仙沼に来た人に、ぜひこの景色をみてもらいたい。こんな海を背景にセーターが並んだら、どんなに素晴らしいだろう。この海を見ながら編み物ができたら、編み手さんたちも気持ちがいいだろうなぁ。すっかりこの場所に心を奪われ興奮し、「お店をつくる場所、みーつけた！」とるんるんしながら坂道を下りたのでした。

「みーつけた！」と言っても、気仙沼ニッティングはなにぶん小さく若い会社です。お店を建てられるような蓄えがあるわけではありません。どうしよう。と、ちょうどそんな折、日本政策投資銀行が主催する女性起業家のコンペティションで運よく入賞し、賞金をいただけることになりました。この物件をみつけた1か月後のことです。渡りに船とはまさにこのこと、本当にグッド・タイミングでした。

さっそくこの賞金をお店の改装予算にあてることにし、相談したのが数寄屋建築をつくる京都の「三角屋」の三浦史朗さんです。三浦さんは震災後、気仙沼や陸前高田で数々の被災した企業の再建を手伝われていて、気仙沼ニッティングのこともよくご存知でした。そして私は、三角屋さんの建築のファンでした。そこに住む人の話を丁寧に聴き、長い目で暮らしを考えて造る三角屋さんの建築は、新しいものでもどこかなつかしく、洗練されていて美しい。「三角屋さんに気仙沼ニッティングのお店をつくってもらう」というのは夢のような話です。こんな小さな気仙沼ニッティングが三角屋さんに店舗をつくってほしいとお願いするなんて、百年早い話です。それでもダメ元でご相談してみようと、三浦さんが気仙沼にいらしたタイミングで、一緒に丘の上の物件を見に行き、お店の構想を伝えると三浦さんはあっさりと、

「最高やね！　やろう！」

と快諾してくれました。しかしあんまり予算がないのだと言うと三浦さんは、そんなことわかっていると言わんばかりの笑顔で、

「大丈夫、一緒につくろう。予算いくら出せるか正直に言って」

三浦さんに正直に予算を伝え（間違いなく、三角屋さんにとっては前代未聞に小さな予算だったと思います）、さすがにそれだけでは厳しいと思い、

「あと、男手を二名出せます」

と付け加えました。男手というのは、インターンに来ていた大学生の梶尾くんと永川くんのことです。かくしてふたりは、気仙沼で建設工事に従事することになったのでした。

ちなみに、前項でインターンの男の子たちが斉吉商店さんでたくさん夜ごはんを食べるよ

うになったと書きましたが、それはこの梶尾くんと永川くんのことです。建設現場で身体を使う仕事をするようになると、ふたりはモリモリとごはんを食べるようになり、お米10キロの差し入れが威力を発揮したのです。

三浦さんは、少額の予算と大学生の男子ふたりという限られたリソースの中で知恵を絞り、最高のお店をつくってくださいました。この小さな建物は、気仙沼の海と同じ、少し緑味の入った澄んだ青色です。この繊細な色味を出すために、梶尾くんと永川くんは毎日手を真っ青にしながら、緑と青のペンキを何度も塗り重ねたのでした。そんな努力の甲斐あって、このお店はまるで前からそこにあったかのように気仙沼の景色の中にしっくりとなじみ、シンボリックな存在となりました。このお店は糸井さんによって「メモリーズ」と名付けられました。

気仙沼ニッティングの「メモリーズ」

こうやってできたお店「メモリーズ」は、気仙沼ニッティングのコンセプトを具現化した場所であり、またその可能性をぐっと広げてくれるものでもあります。

気仙沼は、東京からは新幹線と車やローカル線を乗り継いで4～5時間。メモリーズはその気仙沼の中でも少しわかりにくい場所にあります。そこでメモリーズは毎日営業するわけではなく、連休を中心に月に数日オープンするところから始めました。辺鄙(へんぴ)な場所にあるにもかかわらずメモリーズをオープンするたびに、近場からも遠方からもたくさんの方が来てくれました。

お店に入り目の前に大きく開いた窓から見える景色に「わー！」と感激するお客さんに、どちらからいらしたか尋ねると、東京、横浜、名古屋、仙台、新潟、群馬、茨城、千葉、山形、岩手……とさまざまな地名が挙がりました。メモリーズのオープン日にあわせて気仙沼旅行を組んだという方も少なくありません。気仙沼ニッティングの商品はインターネットでも販売していますし、東京で展示販売会を開くこともあります。それでもわざわざ気仙沼まで足を運ぼうと思ってくださる方がこれほどいらっしゃるとは。

メモリーズにはそのとき販売している商品だけでなく、すべての作品を飾っています。「ＭＭ０１」や２０１４年に発売されたカラフルなセーター「リズム－Ａ」それに新作「見つける人」など、編める数が少なくお届けできる数の限られた商品もひとつひとつサンプルが展示してあり、試着もできます。ミュージアムのように気仙沼ニッティングの全作品が並び、世界観が凝縮されているその空間を楽しめるのです。

そしてメモリーズには、こうしたギャラリースペースに併設して、もうひとつのスペースがあります。通称「鶴の間」です。障子を開けるとギッコンバッタンと鶴が機織(はたお)りをする民話「鶴の恩返し」のように、気仙沼ニッティングの編み手さんたちが編み物をしている秘密の（というわけではないのですが）部屋です。海の見える静かであたたかい空間で、編み手さんたちはセーターやカーディガンを穏やかに編み、お客さまはそんな編み手さんたちに会うことができる。黙々と動き続ける編み針と、少しずつ伸びていく編み地を見ながら、彼女たちと茶飲み話をすることもできます。

あるときなど、セーターを購入してくれた若い男性が、「なんだか心地よくて」とセーターを着込んだまま「鶴の間」で編み手さんたちのテーブルに加わって、日がな一日、編み物の様子を眺め、昔話に耳を傾け、セーターの編み方について質問し、のんびりとして帰って行きました。

編み手さんたちにとっても、メモリーズはお客さんに会える貴重な場です。お客さんと手紙やメールでやりとりすることはあってもなかなか直接は会えません。それがメモリーズでは、商品を見たお客さんの「わぁ、きれいだね！」「このカーディガン、やっぱり迫力あるなぁ」と感想を聞くことができ、試着した方が「なんかすごくしっくりくる。あったかいし、着心地いいなぁ」とよろこぶ姿を目にすることができます。自分の手元で大切に編んできたセーターやカーディガンが「服」としてお客さまによろこばれているのを見られるのは、なによりのモチベーションでしょう。

「鶴の間」はそんなに大勢が入れるわけではないので、オープンするときはいつもシフトを組み数人ずつの編み手さんがいるようにしていました。オープン前の編み会になると、「鶴の間」に来てくれるメンバーを募集します。ちなみに「鶴の間」で編み物をする編み手さんは通称「鶴の方々」と呼ばれています。

「今週末の3連休は、『メモリーズ』をオープンします。つきましては、『鶴の方々』を募集します！　ご協力よろしくお願いしまーす」

と声を掛けると編み手さんたちは、

「私では、鶴というより熊に間違えられっかもしれないけど、いいですか〜？」

とか、

「なら、白い、細身の服を着ていくようだ〜（着ていかなくちゃ）」

「鶴だったら機織るうちに（羽根を抜くために）痩せっけど、『鶴の間』で編み物してたら痩せっぺか」

など、ひととおり鶴に絡めてわいわい面白いことを言った上で、

「土曜日の午後、行きます」

などとシフトに入ってくれます。まんざらでもない、鶴の方々です。

オープンする度に遠方からのお客さんがあると言っても、東京から500キロも離れた気

仙沼のこと、実際には興味を持っても足を運べない方がほとんどでしょう。それでも、オープンの度にフェイスブックやツイッターでその様子を見られるようになったことで、「そうか。気仙沼ニッティングというのはこういうお店なのか」と多くの方に想像してもらえるようになったのではないかと思います。気仙沼ニッティングのセーターはこんな風景の中で編まれていて、編み手さんの手元で針はこんな風に動いている。セーターを買った人が編み手さんに会いにふらっと遊びに行くこともでき、いつもみんなに歓迎される。そんな気仙沼ニッティングの在り方を、このメモリーズは体現しています（いまでは、毎週末オープンしています）。

赤いニットを着たミッフィー

２０１５年４月、松屋銀座に赤いニットの帽子とカーディガンを着たミッフィーが登場しました。人の背丈より高いそのミッフィーは、スポットライトを浴びて台座の上に立っています。まわりには人だかりができていて、ミッフィーの頭の形にぴたりとあった帽子や模様のきれいに浮き上がるカーディガンをまじまじとみつめています。「すごい……」と言う誰かのつぶやきが聞こえました。このミッフィーの隣には小さな看板がひとつ立っており、そこにはその作品の題名が書いてありました。「気仙沼で編んでもらったミッフィーちゃん」。

ミッフィーの誕生60周年を記念して開催されたミッフィー展では、オランダと日本からあわせて60組のクリエイターが選ばれ、180センチの真っ白なミッフィーに装飾やペイントを施してオリジナルのミッフィーを制作し、会場に展示するという企画が催されました。気仙沼ニッティングも（クリエイターとは呼べないと思うのですが）その企画に声をかけてもらい、ミッフィー一体を担当することになったのでした。

オランダから海を渡ってやってきた真っ白なミッフィーが気仙沼に到着したのはその前年の夏のこと。数人がかりでようやくバンの荷台からおろされたミッフィーは思いのほか大きく、事務所で迎えた編み手さんとスタッフは「おおぉぉ……」とその存在感に息を飲みました。

編み物の会社である気仙沼ニッティングが担当するからには、もちろんつくるのはニットです。ミッフィーにぴったりの手編みのカーディガンと帽子を編んで、寒い冬も暖かく過ごしてもらおうと考えました。とはいっても、いつものセーターやカーディガンとはだいぶ勝手が違います。なにしろミッフィーはうさぎです。形が人間とは全然違います。その上このミッフィーは大きいのです。果たして、ミッフィーにぴったりのカーディガンを編むことはできるのでしょうか。この難題に立ち向かうことになったのは、編み手のじゅんこさんです。ミッフィーが到着したその日に、さっそくじゅんこさんは採寸を始めました。採寸と言っても、人間のお客さんと同じようにはいきません。なにしろミッフィーには肩や腰がなく、しかもこのフィギュアは腕が胴体にくっついています。さてどうするのか。じゅんこさんは細い糸を取り出すと、地球儀に引かれる緯度と経度の線のように、ミッフィーの身体に水平・垂直に糸を張り巡らせました。こうしてまずはミッフィーの形を立体的に測ります。採寸したとおりに型紙をつくり、ミッフィーの身体をぴたりと包む形を平面に起こし、そこから、その形にカーディガンを編み上げるための「編み図」をつくり始めます。今回ミッフィーに編むことにしていたのは、MM01です。あのデザインを、いかにミッフィーにあうように表現できるか。じゅんこさんは、毎日事務所に通い、ミッフィーとにらめっこし、机の上で図面を引き、試行錯誤を重ねました。そして2か月後、見事な編み図が完成していました。

編み図にしたがってじゅんこさんは、真っ赤な毛糸を2本取り（2本束ねて1本の毛糸として使う）にして編み始めました。人間のものよりずいぶん大きく形も違うカーディガンでしたが、じゅんこさんはたった20日間でこれを編み上げてしまいました。編み上がったカーディガンをミッフィーに着せてみるとぴったりです。しかもじゅんこさんは、これを仕上げるまでに一度も編み直しをしませんでした。これは驚異的なことです。丁寧に採寸し、時間をかけて綿密な設計図をつくり、それにぴたっとあわせたカーディガンを編む。これがじゅんこさんのスタイルでした。

どんなに編み物が上手な人でも、立体を正確に測ってそれを包むニットを編むというのは至難の業でしょう。なぜじゅんこさんはこれができたのか。実は、じゅんこさんは以前測量会社で図面引きの仕事をしていたのです。このミッフィーのためのカーディガン製作では、編み物の技術ばかりでなく、このとき培った技術も生きたのだと言います。「若いうちに鍛えた経験は無駄がなく、いつか使うときが来るものなのですね」とじゅんこさんは笑っていました。

カーディガンを編み終えると、今度は耳まですっぽり包む帽子を編み上げました。せっかく暖かいカーディガンを着ていても、帽子がなければミッフィーの大きな耳が冷たかろうと、じゅんこさんは帽子までつくることにしたのでした。

気仙沼の事務所にミッフィーが到着して3か月後、ついにミッフィーのカーディガンと帽子が完成しました。接着剤やピンで固定するのではなく、ボタンやリボンで留めてある、服として着脱できるカーディガンと帽子です。やってきたときは裸ん坊だったミッフィーですが、真っ赤な帽子とカーディガンを着せてもらって、とても暖かそうです。じゅんこさんの仕事をずっと見守ってきた編み手さんたちも、「よかったねぇ」と目を細めてミッフィーを見ています。ずっと事務所にいたミッフィーを送り出すのは名残惜しくもありましたが、車に乗せられ東京に運ばれるミッフィーをみんなで「またね！」と言って手をふって見送ったのでした。

それから半年以上経ち松屋銀座でミッフィー展が始まった日、編み手さんの一人から連絡が来ました。

「いまテレビにあのミッフィーが出てます！」

とのこと。朝の情報番組でミッフィー展の特集をしており、そこで「一番人気のミッフィー」として、あの真っ赤なカーディガンを着たミッフィーが紹介されていたのでした。たくさんの著名なクリエイターの方が参加しているミッフィー展に、気仙沼ニッティングのカーディガンを着たミッフィーが堂々と並び、そこで人気を博しているということに感無量でした。さらに、この赤いニットを着たミッフィーは、ミッフィーの母国オランダの人の目にも留まり、オランダと気仙沼ニッティングの新たな交流が生まれつつあります。3年前、アラン諸島に視察に行くところから始まり、手探りで進めてきた気仙沼ニッティングも、新たなステージに入ってきたようで、静かな充足感を覚えたのでした。

松屋銀座でたくさんの方に見ていただいた「気仙沼で編んでもらったミッフィーちゃん」は、このあとミッフィー展の全国巡回で、1年半かけて日本各地のデパートや美術館をめぐっていきます。気仙沼から旅立って行ったミッフィーが、どこに行っても、たくさんの人に愛されますように。

6章　気仙沼ニッティングで学ぶ意外なあれこれ

気仙沼に移住し、編み物の会社を起ち上げ経営し、育てていくことは、自分の足で頂上の見えない山道を歩き続ける冒険です。前を歩く人はなく、先に「正解」だとわかる道があるわけではない。一足飛びに遠くに行くことはできず、右足を出し、次に左足を出すということの繰り返しでしか前に進んでいかない。なにしろ、一歩前に進んでみないと次の景色は見えず、少し先に何が待ち受けているのかもわからないのです。大変でもあるのですが、同時に毎日が発見の連続で、外から論じているばかりではきっとわからなかったであろう意外な気づきがどんどん出てきます。

地方のお客さんが多い

取材に来てくださる方などからよく「気仙沼ニッティングの商品は高価格帯ですから、主なお客さんはやはり『都市部の富裕層』ですか？」と聞かれることがあります。

答えは「ノー」です。たとえばインターネットでＭＭ０１の抽選販売に申し込んでくださった方の居住地を見てみると、東京在住の方は２〜３割程度。地域の偏りもなく、関東と関西どちらが多いなどとも言えません。年齢も、20代から70代までと分散していて、男女差もそれほどありません。住んでいる地域・年齢・性別などから「気仙沼ニッティングのＭＭ０１はこういうグループの人たちに人気」とは言いづらく、「都市部の富裕層の方が買っている」という印象とは異なり、属性にとらわれずお客さんは全国に点々といるような状況です。

でも、なにかひとつでも「傾向」と言えそうなものはないだろうか、と申込みデータを見ていて、ひとつ気づいたことがありました。住んでいる街が「県庁所在地」ではない方が多いのです。人口規模でいうと10万人ほどの街の方が多い印象です。そうした方々が申込みの際に添えてくださったコメントを見てみると、

「自分のクローゼットを開けてみると、一生着たいと思える服が一着もないことに気が付きました。次に買う服は、ずっと長く着られるものにしようと思っている中でこの『ＭＭ０１』に出会い、申し込みました」とか「夫へのプレゼントにしたいと思っていますが、いつか二人の息子たちにも着させたいです」「作り手が誇りをもって作っているいいものにこそ、お金をかける価値があると思っています。ＭＭ０１、大切に着たいです」

といったものが多くあります。

ふだんから高級な服をたくさん買っているというわけではなく、長く使えるいいものや作り手の見えるものにこそお金を使い、大切に使おうという価値観が窺えます。考えてみれば、日本の着物は母から娘へと何代にも渡って受け継がれていくものですし、こうした価値観は昔から日本にあったのでしょう。しかし小さな街に住んでいる場合、そういうお金の使い方ができる場所はなかなかなく、買い物をできるのは結局10キロ先のショッピングモール、というようなことが多い。その地域に住む消費者のお金の使い方・モノへの向き合い方に、消費の機会が十分に追い付いていないということもあるのではないでしょうか。いいものを長く大切に使いたいという価値観を持ちつつ、近所ではそうしたものを買えるわけではない状況が、気仙沼ニッティングに目を向けさせるのかもしれません。

人は誰でも、節約する部分もあれば、「いいものなら」と思う部分も同時に持っています。なにを大切にするかは人によって違い、たとえば、毎日使う包丁だったり、孫に贈るランドセルだったり、友人と行く旅行であったり、日記を書く万年筆だったり、特別な日に行くお鮨屋さんだったりする。「なににお金を使うか」ということは、その人の好みや哲学の現れる深い問いなのです。

高校生のみつける価値

遠洋漁業の港町である気仙沼では、昔から「編む」という行為が身近でした。それでも編み物ができるのは主に50代以上。40代以下の世代では編み物をしない人が多く、「私たちの時代にはもう既製品の服がなんでもあったから」と話し、一方50代以上の編み物をする人たちは「私たちの若いころはそんなに売っていなかったから、自分で作るしかなかった」と言います。そこには「手作りのものより既製品の方が優れており、既製品がない時代は手作りをしたが既製品があるならそちらを買う」という共通した価値観が感じ取れます。

ところが、いまの10代、高校生の世代になるとまたがらっと価値観が変わるようです。ある日、気仙沼ニッティングの事務所に地元の高校生たちがやってきました。編み物をやってみたいので高校生向けの編み物ワークショップをやってほしい、とのことです。なぜ編み物をしたいのか聞いてみると彼女たちは口をそろえて、

「だって、既製品より手作りの方がかわいいじゃないですか」

「マフラーひとつ買うにも、気仙沼では買いに行くお店が限られているから、誰かとかぶっちゃう。個性を出すなら手作りしかない」

「おしゃれな子ほど、古着や手作りのものを上手に使うんです。その方が、かわいいからって」

と言いました。既製品よりも手作りの方が個性的でかわいいという感覚のようです。さらに面白かったのは、プレゼントでもらうにも手作りの方がよろこばれるという話。

「友達からも、誕生日に手作りのプレゼントをもらうとうれしいよね。『あぁ、うちら親友なんだ！』って思う。ある一定レベルまでの仲の良さの人は市販のもの、手間がかかるから、特に仲いい人は手作りのもの、みたいなのあるよねー」

とのこと。男子へのプレゼントについては、

「男子も手作りがいいっていうんです。バレンタインのときなんて、2月の初めになると『義理でもいいから、手作りチョコお願いしまーす』って男子が教室で言ってまわるんです。私は去年市販のチョコを持ってったんですが、『市販？　それ、ないわー』って引かれました」

とのことでした。生まれたときから既製品が当たり前の時代に育った彼女たちの世代は、かえって「既製品よりも、手作りの方がかっこいい」と感じる感性が育っているのか。実際、後日毛糸代をにぎりしめて事務所にやって来たこの高校生たちは、めいめい好きな色の毛糸を選び、夢中になって花柄の手袋を編んだのでした。

フレキシブルな働き方で、人は集まる

地方では人口減少と高齢化による働き手の不足が大きな課題だと言われています。実際気仙沼でも、震災後に工場を再建したものの働き手が集まらず工場を稼働させられないといった話をよく聞きます。そんな中、気仙沼ニッティングは起ち上げて2年ほどで編み手が30人以上になりました。気仙沼では一番大きい会社でも社員100人ほどです。多くの会社は10人以下なので、30人以上の所帯というのはいまや大きな方です。「どうして気仙沼ニッティングにはそんなに人が集まるのか」とよく聞かれました。

もちろん、理由は人それぞれだと思いますが、気仙沼ニッティングに人が集まった最大のポイントは「家で自分のペースでできる仕事だったから」であろうと思います。

編み手の仕事は、週に一度事務所に集まる「編み会」以外、自宅でできる仕事です。仮設住宅に住んでいても、スペースをとらない編み物なら取り組めます。それにノルマはなく納品された商品に対して編み代を払うシステムなので、たくさん編んで稼ぎを立てることもできれば、ゆっくり自分のペースで取り組むこともできる。このため気仙沼ニッティングの編み手として働く人の中には、家族の介護やお子さん・お孫さんの育児をしている人が多く、夜ひとりの時間ができたときなどにこつこつセーターを編んでいます。こうした人たちはなかなか外に働きに出ることは難しいはずですが、編み手の仕事であればマイペースで家でで

きる。

　私も気仙沼に来て初めて気づいたことですが、東京などの都市部に比べ、気仙沼のような小さな街（人口7万人弱です）は、働きに出られる場所も限られています。多くは市役所関係か、水産加工会社、ホテル、スーパーや飲食店などです。仕事の種類が少ないため、育児や介護、家業の手伝いなど少しでも事情があると、勤務形態がフィットする仕事がなく、すぐ働きに出られなくなってしまいます。こうして、ただでさえ人口減少や高齢化で働き手が不足している中、さらに働き手を減らすことになっているのです。

　これから高齢化が進むにつれ、家の中で介護をしなければいけない人も増えるでしょう。そうした中、仕事をしたい人が少しずつでも働けるように、家でやったり、自分のペースで取り組んだりできる、多様で柔軟な仕事を創っていくことが重要ではないかと思います。また、それは「社会的に意義がある」というだけではなく、企業にとっての強みにもなるはずです。そうした働き方を提供できる企業にはきっと人が集まりやすく、「働き手不足」が課題と言われる時代に生き残る大きなアドバンテージになることと思います。

　もちろん、最初からこうした街の事情をわかって編み手さんの働き方を設計したわけではありませんでした。「どうやったら編み物が好きで上手で、編み手の仕事をしたいという人に会えるだろう」と頭を悩まし、手袋のワークショップを開催したくらいです。手探りで会社を作っていく中で、「編み手として働くことには興味があるけれど、うちにはこういう事情があって……」という目の前の人が、どうしたら働くことができるだろうかと考え、ひとつひとつ、編み手の仕事のあり方を創っていったのでした。

いまでは、編み会にはよく幼稚園ぐらいの子どもや赤ちゃんが来ています。子守りを頼めなかった編み手さんが一緒に連れて来ているのです。子どもたちもここがお母さんやおばあちゃんの職場だということはちゃんとわかっているので、騒いだりせずちょこんと座ってお絵かきをしたりして、いい子にしています。みんなそんな子どもたちを、「まぁー、大きくなったこと」「あら、上手にお絵かきできたねぇ」などとかわいがっています。

でも実は、編み会を始めたばかりのころは「ここは職場なんだから、子どもたちを連れてくるのはおかしい」「だれかが子どもの面倒を見なくてはいけなくなり、負担である」といった声もありました。それでも、会社としては子育てや介護などで忙しい人も働ける職場にしたいので、編み会を子どもも連れて来られる場にしたい。そこで、お子さんを連れてくる人は他のメンバーの仕事の邪魔にならないよう気をつけて見ていてほしい、だれかにお世話になったら一言お礼を言ってほしいとお願いし、みんなそれぞれ少しずつ気を配ってくれて、こういう環境をつくることができました。周りの人の協力を得ながら、手探りで進んでいく状況ですが、これからも、この気仙沼という街において、できるだけ多様な人が働ける職場でありたいと考えています。

気仙沼の人は肉も好き

ちょっと仕事の話からは逸れるのですが、気仙沼で暮らして初めて「なるほど、現実はそうだよね」と思ったことがあります。それは、これだけ美味しい魚が豊富に水揚げされる港町の気仙沼において、地元の人（特に男性）は「けっこうお肉が好き」であることです。

それを象徴するのが「気仙沼ホルモン」です。味噌ニンニクのソースに漬け込んだ豚ホルモンを炭火で焼き、ウスターソースをいっぱいかけたキャベツに乗せて食べるというもの。気仙沼ホルモンは部位がごちゃまぜで、小腸やガツだけでなくレバーやハツも入っており、全部一緒に区別なく焼く、わりとおおざっぱな料理です。気仙沼では養豚はほとんどしていないので、特別な豚を使っているわけでもありません。でも地元の人たちはこれが大好きで、市内にいくつも「気仙沼ホルモン屋さん」があります。

気仙沼は長い航海から帰って来た漁船が水揚げして停泊し、漁師さんたちがしばし陸の上での生活を楽しむ場所でもあります。日ごろ魚を食べることの多い漁師さんたちは、陸に上がったときは思い切り肉を食べたいのでしょう。ホルモンをたっぷりのキャベツの上に乗せて食べるのは、船の上では野菜不足になりがちな漁師さんの健康を考えてのことで、気仙沼ホルモンは、地元の店が漁師さんたちに供したものだと言われています。いまでは家庭でも気仙沼ホルモンを楽しむようになり、気仙沼の人たちに愛される名物になりました。

気仙沼に来たばかりのころ、よく地元の人（特に食べ盛りの男性）に、

「たまちゃん、気仙沼ホルモン食べた？　最高にうまいよ！　あれ食わなきゃだめだよ！」

と言われ、気仙沼ホルモン屋さんに行ったのですが、感想としては、「美味しいけど、普通かも」でした。気仙沼は豚の産地でもないですし、特別鮮度のいいホルモンを仕入れられるというわけでもないので、飛び抜けて美味しいとは感じなかったのです。一方気仙沼では、それまでの人生で食べたことがなかったような美味しい魚をたくさん食べられるので、「やっぱり、気仙沼は魚よね！」と魚を好んで食べていました。

最初はそんなことを思っていたのですが、気仙沼に来て1年ぐらい経ったころから、私も無性に気仙沼ホルモンを食べたくなるようになりました。インターンの学生たちを連れて外食するときなど、すぐ、

「よし、ホルモン行こう！」

となります。学生たちも大よろこびで肉を焼き、キャベツに乗せてガツガツと食べます。毎日食べている魚は本当に美味しいのですが、それでもたまに思い切り肉を食べたくなります。みんなすっかり気仙沼人化してきているのでした。

「魚はもちろん、やっぱり肉も美味しいよね」という気仙沼の人の感覚が表れているのは、「気仙沼ホルモン」だけではありません。気仙沼にはいくつか人気の小料理屋さんがあるの

ですが、その中に「宮登」というお店があります。刺身も小料理も鍋もとても美味しく、気仙沼の外から来たお客さんを連れて行くときはもちろん、地元の人同士でもよく行きます。そんな宮登なのですが、実はこのお店で地元の人に特に人気のメニューは「鶏の唐揚げ」。美味しい魚料理がたくさん食べられるお店なのですが、気仙沼の人はすぐ「あそこの唐揚げ、最高だよね！」と言います。やっぱり気仙沼の人は、外ではお肉を食べたいのかもしれません。

毛糸は工業製品ではない

ここで気仙沼ニッティングの目下の悩み、いや、永遠の課題になるであろうテーマを打ち明けておきましょう。それは、毛糸です。

気仙沼ニッティングではオリジナルの毛糸を開発し、「ＭＭ０１」や「エチュード」にはその毛糸を使っています。ちょうどよい既製のものがなく、一から毛糸をつくることになったので、原料選びから丁寧に行い開発した毛糸ですが、この毛糸を同じクオリティでずっとつくり続けるというのが大変なのです。

そもそも、毛糸というと工業製品のイメージがあるかもしれませんが、もとをただせば羊毛です。草原を歩いている羊の毛。なにしろ生きものの毛なので、いつも一定ではありません。個体差はもちろんのこと、同じ品種（たとえば一般的なメリノ種など）でも地域によって少しずつ毛質が違います。さらには、その年の気候によっても毛質が変わってきてしまう。このため、同じ産地から同じ種類の羊毛を仕入れ、同じ手順で毛糸をつくっても、毎回まったく同じ毛糸ができあがるわけではないのです。少しずつ「そのときつくった毛糸の特徴」が出てきます。こうした、地域やその年の天気によって原料の質が変化するところは、ワインなどに近いかもしれません。

できるかぎり品質を一定に保つために、毛糸をつくる工場では、ただ機械で設定値をセットして羊毛を投入するのではなく、羊毛の質や毛糸の仕上がり状態を見て、細かくチューニングしながら毛糸をつくります。さらにその毛糸を受け取った染色屋さんも、そのときの毛糸の状態を目で確かめ、加減を調整しながら糸を染めていきます。手間のかかる作業です。それでも、編み手さんたちは手が毛糸を覚えているので、毛糸のロットが変わると敏感に気づき、「あら、今回の毛糸は前のよりふっくらしてるね」「この冬は、羊のいる草原も寒かったんだべか」などと笑います。そして、決められたデザインで寸法どおりに編み上がるよう、その毛糸にあうように力加減を調整します。

毛糸にはもうひとつの難しさがあります。それは、原料である羊毛の価格変動が激しいことです。年によって、前年の2倍近くも価格が上がることさえあります。これは、羊毛は需要の変動が大きい割に、供給量がほぼ一定であるためです。羊毛の多くは衣料品に使われますが、ファッションはトレンドの変化が激しい業界です。ダウンジャケットが流行って羊毛の需要が下がったかと思ったら、今度はウールのコートの人気が上がる。そうすると、急に羊毛の需要が上がるのです。が、羊が急に増えるわけもなく、羊毛の産出量はそう変わりません。つまりその年は、羊毛の需要が過多となり、羊毛価格が一気に跳ね上がってしまいます。農作物なども生産量がそう変動しないという点は同じかと思いますが、ファッションは食べ物以上に流行り廃り（すた）があり需要変動が大きいのではないでしょうか。羊毛の輸入は、常に相場の変動を気にする仕事です。また、毛糸を使ってセーターを編んでいる私たちは、年によって2倍にも跳ね上がる原料価格を吸収していかなくてはなりません。

羊毛が年によって少しずつ質が違うことも、相場価格がこれほど大きく変動することも、気仙沼ニッティングを始めてから気がついたことでした。考えてみれば理屈の通った話ではあるのですが、同じ毛糸を使った同じ商品を出し続けるということがここまで難しいとは想像できていませんでした。それでも、最初に「自分たちが最高と信じられる毛糸」をつくるところから始めたのに、「今年は、ちょっと弱い毛糸になっています」という訳にはいきません。気仙沼ニッティングの仕事において、「いい毛糸」をつくり続けることは、永遠のテーマになりそうです。

ですが、気仙沼ニッティングのセーターやカーディガンはずっと着られるものです。もし何年も先に、セーターの袖がほころびたりしたときに直せるように、気仙沼ニッティングではこれまで使ったすべてのロットの毛糸をとっておいてあります。セーターやカーディガンには証明書がついており、一着ずつＩＤ番号が入っているので、ＩＤ番号がわかればそれを編んだのと同じ毛糸で直すことができるのです。

お客さんが、気仙沼まで来てくれる

オーダーメイドのカーディガン、ＭＭ０１は、サイズを伺い、身体にしっくりなじむように個別に編み上げます。お客さんの多くは遠方にお住まいなので、採寸の仕方を案内してご自身で採寸の上、サイズをメールで送ってもらいます。でもあるとき、採寸のご案内のメールに、

「※　また、気仙沼にて採寸も承ります。もし気仙沼にいらして採寸することをご希望の場合は、その旨をお知らせください。」

と加えたところ、なんとメールを受け取った方の半分がわざわざ気仙沼まで足を運んでくれました。東京から新幹線とローカル線を乗り継いで4時間もかかる場所に、です。直接採寸してもらった方が安心というのもあるでしょうが、それだけでなく「せっかくだから、気仙沼に行ってみようかな」という気持ちもあったのではないでしょうか。編み手さんとお茶をしたり、気仙沼の美味しいものを食べたりして、一日気仙沼を満喫（まんきつ）して帰っていかれまし

た。

　それまでは、なるべく多くの人に便利なようにと、販売はインターネットを中心にし、展示販売会も東京で行っていました。でも実は、「せっかくなら、気仙沼まで行きたいな」という方も多かった。メモリーズにも、オープン日には遠方からたくさんの方がいらしています。もしかしたら、東京で展示販売会を開くときと、人数はそんなに変わらないかもしれません。

　あらためて「便利」だけがすべてではないのだと思います。せっかくなら、そのセーターがどんな街で編まれているのか見てみたい、編み手さんたちにも会ってみたい。そんな風に思う人は多いのでしょうし、そうなると、いくらそれが都心の便利な場所だったとしても、セーターが陳列された棚があるだけでは魅力的ではないのかもしれません。地方の小さな街で会社を始めると、つい「ここは不便だし人も少ないからモノは売れない。東京で売らなくちゃ」と思いがちですが、まず自分たちがいる場所こそを魅力的にするということが大切な目標になりそうです。

会社を支える「おばちゃん力」

編み手チーム（主に50〜60代）と、若手のスタッフ（主に20代）で会社を運営している持ちつ持たれつの関係について前にふれましたが、ここのところ若者たちはますます編み手チームにお世話になりっぱなしです。「編む」以外の仕事はスタッフの役割ですから、新商品の企画やインターネット・展示販売会での販売、商品チェックや在庫管理、資材の発注や梱包・発送、お問合せ対応や取材対応、お金の管理から銀行とのやりとりまで、若手チームはいつもてんやわんや。忙しいときはつい、気が回らないことがでてきてしまいます。でもそんなとき編み手さんたちは「ここができていない！」などと言うことなく、静かにそっと穴を埋めてくれます。

たとえば、事務所で来客が続き、お茶を出すのに何度もグラスを洗い布巾で拭いたので、流しの布巾を干す場所が足りなくなっていた日がありました。少ないスペースに布巾を寄せて干していたのでなかなか乾きません。その日グラスを下げるのを手伝ってくれた編み手さんがそれをみつけたのでしょう。翌週、流しには、布巾を干すための小さなハンガーが置いてありました。

こんなこともありました。気仙沼のお店メモリーズをオープンした初日のこと。お店の内装・外装も間に合うように仕上げ、道順がわかるよう看板を用意し、商品をディスプレイし、レジ周りも準備し……と万全を期したつもりだったのですが、ひとつ忘れたものがありました。それは「お盆」でした。盲点でした。メモリーズにいらしてくださったお客さんにコーヒーをお出しすることにしていたのですが、うっかりお盆を用意するのを忘れてしまったため、いっぺんにたくさんの方がいらしたときなど、スタッフが両手にコーヒーカップを握りしめ、バタバタとキッチンとテーブルを行き来するという、なんともみっともないことに。すれ違いざまにぶつかりそうになって「おおっと！」とコーヒーをこぼしそうにもなります。編み手さんが、そんな様子を横目に見ていたのでしょう。翌日には、「よかったら、これ使って」と自宅からお盆を持ってきてくれました。か、かたじけない……。

申し訳ないことをしてしまったこともあります。気仙沼ニッティングの会社設立のお祝いに編み手さんたちがくれた観葉植物を、枯らしてしまったのです。思えば、育てるのが難しい花ではなく、たまに水をやればいい観葉植物をチョイスしてくれていた時点で、気遣いを感じます。私たちも小さな黄色いジョウロで水やりをして、楽しみに育てていました。それがある秋、東京と関西での展示販売会、それに気仙沼のお店のオープンが重なり、事務所を空ける日が続きました。あるときようやくひと段落して事務所に行くと、その観葉植物はすっかり元気をなくし、茶色くカサカサになっていました。

「し、しまった……」

と思ったものの、時すでに遅し。ほとんどの葉っぱが枯れているので、また元気になるには相当時間がかかりそうです。せめてこれをプレゼントしてくれた方に気づかれないようにと、鉢の場所を人目につきにくいところにこっそり移し、また水をやって様子を見ることにしました。

ところが、あるときその観葉植物の鉢がなくなっているのです。「あれ!? ない！」と思っていたところ、その観葉植物をプレゼントしてくれた編み手さんが思い出したように言いました。

「ああ、あれ、ちょっと元気がなくなっていたので、うちに持って帰りましたよ。養生して、また持って来ますね」

申し訳ないやら情けないやら。枯らしてしまったことを謝りつつ、恐縮してお礼を言うばかりでした。

思えば、いつもこの編み手チームの柔軟な「おばちゃん力」に助けられています。細やかな気配りで抜けているところに気づき、非をとがめるのではなく、気づいた人が「やりますよ」と言ってくれる。役割や立場に固執するのではなく、「うまくいくなら、それでよし」という結果重視の姿勢です。編み手さんたちのこの潤滑油のような心配りがなければ、気仙沼ニッティングはとても回らなかったでしょう。気仙沼ニッティングを前へ前へと進めていくけれどいつもどこか足りていない若者たちと、そんなところをさっと自然にフォローしてくれる編み手さんたち。そんなチームワークがあってこそ、気仙沼ニッティングは成り立っています。若者とおばちゃんたち（というと怒られそうですが）、というのはやっぱりよい組み合わせなのかもしれません。

海外のお客さんも、地元の小学生も

気仙沼で編み物の会社を始めてから、東京にいたとき以上に海外の方とお会いする機会が増えたように思います。

あるとき、気仙沼ニッティングのフェイスブックページに英語のメッセージが届きました。アメリカのポートランドの方からでした。気仙沼ニッティングのフェイスブックページをいつも興味深く楽しみに読んでくださっているとのこと。また、この夏気仙沼に行くのでぜひ事務所にも訪問したいとありました。海外から突然メッセージが入ったのも驚きで、本当に気仙沼にいらっしゃるのだろうかと半信半疑だったのですが、その方は高校生のお嬢さんと一緒に本当に気仙沼の事務所を訪ねてくれました。編み手のみなさんも海外からのお客さんに大よろこび。「ちょうど豆ごはんを炊いてきました。よかったらお持ちになってください」とおすそわけする人もいて、日本の文化に触れてよろこんでもらいました。

これに限らず、海外から訪れてくれる方は少なくありません。２０１４年の冬、アメリカのハーバードビジネススクール（ＨＢＳ）の学生や職員が気仙沼ニッティングにやってきました。震災後の東北で復興に取り組む地元企業や起業家を取材し、どのようなビジネス上の創意工夫が生まれているのか調査することが主な目的です。取材した内容はケース・スタディにまとめられ、世界のビジネススクールで教材として使用されます。東北を学ぶツアーは

3回目で、これまで計約90人のＨＢＳの学生が東北に来ているそうです。驚いたのは、彼らがすべて自費で来日していること。東北の復興の取組みをそこまでして学びたいという学生の姿勢に感銘を受けました。

実際に東日本大震災で被災した気仙沼で仕事をしていると、つい復興についての課題ばかりに目が行きがちです。気仙沼で働く編み手さんの多くもいまだに仮設住宅に生活があり、海岸近くでは地盤沈下した土地のかさ上げ工事のため日々重機がせわしなく動いています。被災した地元企業の中には、工場を再建したものの販路を失い売上が立たないところも少なくありません。復興の道のりの長さと自分のできることの小ささに、ふと途方に暮れることもあります。

ですが視点を変えてみれば、災害はいつ世界のどこで起こるかわからない。今東北が経験していることはいつかどこかの地域が経験するかもしれないことです。東日本大震災後に東北の人々がどのように復興の課題に立ち向かい乗り越えたのかは、きっといつか世界にとっての学びとなることでしょう。震災の「悲惨さ」ではなく「乗り越え方」を学びにやって来たＨＢＳの学生たちを前に、東北が復興の先進地域として世界に学びを伝えていく可能性をあらためて認識しました。

気仙沼ニッティングの事務所にやってくるのは大人たちばかりではありません。夏休みなど長い休みに入ると、「こどもの編み物教室」に参加しに地元の小学生たちが事務所にやってきます。これは、せっかく編み手がたくさんいるのだから、ぜひ子どもたちにも編み物を楽しんでもらおうと始めたものです。やってみたいけれど身近に教えてくれる人がいないという子は意外と多く、編み物教室はいつも満員御礼。小学生の集中力というのは大したもので、はじめて編み針を手にする子も夢中になって編んでいきます。毎週開いている編み手さんたちの編み会は、いつもおしゃべりが絶えずにぎやかなのですが、「こどもの編み物教室」はみんな編み物に没頭していて、事務所も図書館のようにしーんと静か。先生役の編み手の方が、「そろそろ休憩しなくて大丈夫？」と子どもたちに声をかけたり、「私たちより集中力があるね」と笑うほどです。その集中力のためか子どもたちの上達はすさまじく、編み物経験2回目にして、花柄の模様入りの手袋を編み上げてしまう子もいます。達成感にあふれた清々しい顔で、自分で編んだ作品をにぎりしめて帰って行く子たちを見ると、よかったなぁとこちらまで笑顔になります。

あるとき、地元の高校生向けの編み物教室を開いたことがありました。するとこちらの方は、小学生とは打って変わって話に花が咲いており、わいわいとにぎやかです。一体なにを話しているのだろうと聞いていると、こんな会話をしていました。

「昨日『好きな人と一緒にいる夢を見れますように…！』ってすっごいお祈りしながら寝たんだけど、ぜんぜん違う夢見ちゃった」

「えーー!!　○○ちゃん、好きな人いるの??」

「いや、いない」

かわいい会話に、もう、ノック・アウト。なにがなんだかです（笑）。夢を選ぶ神さまだって、誰と一緒にいる夢にしていいのやら迷ったことでしょう。

子どもたちがやって来るのは編み物教室のときばかりではありません。勉強が得意なインターンの学生が、地元の小学生の算数や高校生の受験勉強を見ていたときなどは、宿題を抱えた小学生や参考書を持った高校生が放課後にわいわい事務所にやって来ることもよくありました。翌日、ホワイトボード一面に書かれた連立方程式を見て、編み手さんがぽかんとすることも。

こんな風に、気仙沼ニッティングの事務所には編み手さん以外にもいろんな人が出入りしています。だんだんと地域に根づいてきた証拠かもしれません。

現場は明るく、メディアは難しい

気仙沼ニッティングをやっていく中で難しかったことのひとつが、メディアとの付き合い方でした。特に、毎年3月11日が近くなると急にやって来る多くの報道系メディアには、違和感を抱くことも少なくありません。

気仙沼に暮らしている人たちは一年中この場にいるのです。「震災後」という時間は現実であり、日常です。ふと震災で失ったもののことを思い出してやるせない気持ちになる瞬間もあれば、家族や友人たちとしょうもない話をしてゲラゲラと大笑いする時間もある。冬に仮設住宅が寒ければ「寒い……」などとくよくよしている暇はなくて、どうやったら暖かく過ごせるかに知恵を絞り、窓になにかを貼ってみたり、脚立（きゃたつ）を出して来て隙間風の通るところをせっせと目貼りしたりと工夫を凝らす。

気仙沼の人にとって「震災後」とは、今日この瞬間、目の前にある現実ですし、現実を生きているとき、人はたくましさを持つのだと思います。

一方でメディアはたまにやってきて、悲しそうな顔をしながら、震災の瞬間のことやその後の暮らしで大変なことばかり根掘り葉掘り聞き、そこで暮らす人たちのことを「こんなに大変な思いをしているかわいそうな人たち」と単純にまとめて、また風のように去っていきます。一生懸命前を向いて走っているのに、メディアが来るたびにそこに引き戻され、また自力で気持ちを立て直すことになる……。

震災から2年が経とうとしていた２０１３年の冬の終わり、ある全国放送のニュース番組のディレクターさんが気仙沼ニッティングにやってきました。ＭＭ０１の受付がいよいよ始まり、たくさんの注文を受け、編み手さんたちも「お客さんが一生ものだと思って注文してくれたカーディガンだもの。いいもの編まなくちゃ！」と腕まくりして編み始めている時期でした。当初ディレクターさんからの依頼は「気仙沼で始まったこの新しい取組みをぜひ全国に紹介したい」というものだったので、編み手さんたちも私も、気仙沼ニッティングの仕事を紹介してもらえるいい機会だと考えて取材を受けることにしました。しかし事務所で話しているうちにだんだんとかみ合わなくなってきます。ディレクターさんからのリクエストは、「編んでいるところを見せてください」ではなく、「津波で流されたご自宅のあった場所に行き、茫然（ぼうぜん）と立ってもらえませんか。その後姿を撮りたいです」とか、「○○さんは、仮設住宅にお住まいなんですよね。そうしたら、その仮設住宅でカーディガンを編んでいるところを撮らせてもらえませんか」といったものばかり。いつもは穏やかな編み手さんたちの表情が曇りました。

「それはちょっと……。仕事の取材としてお受けしたのに、なんで仮設の自宅まで映さなくてはいけないんでしょう。それは私も家族もうれしいことではないです。申し訳ないけど、ご遠慮させてください」と断っても、「でも、そのシーンがないと番組が成立しないので」と言われてしまいます。見かねた他の編み手さんが「うちは流されていないので仮設ではないですが、それでよかったらどうぞうちで撮影してください」と言うと、「いえ、仮設住宅でないと意味がないんです」という返事です。

　おそらくディレクターさん（もしくはその上司の方）は、気仙沼ニッティングの編み手の仕事というよりは、「かわいそうな被災者が立ち上がっていく物語」を伝えたかったのでしょう。けれど、震災後の生活を現実として生き、新しい仕事を得て「よし、がんばるぞ！」と腕まくりをしている人のところに来て、「流された家の前で茫然としてください」と依頼し、「仮設住宅が背景でないと番組が成立しないのです」と言うのはいかがなものでしょうか。そうやってつくる番組は果たして報道と言えるのだろうかと疑念を持ってしまいます。それは一方的に加工してつくった物語ではないのか、と。もともとこの取材は「編み手さんのいやがることはしない」という条件で受けていたので、先ほどの会話のあと、ご遠慮させていただくことにしました。

これはわかりやすい例ですが、震災後の気仙沼はこうした取材であふれているように思います。４年経ってもまだ、同様のことは続いています。震災から4年目の3月11日を控えたある日、「編み会」で楽しくおしゃべりしながらセーターを編んでいた編み手さんが、隣にいた私に小声で言いました。

「今日ね、テレビ局の人から電話があったの。『○○さんは、震災で弟さんご夫婦を亡くされたと聞きました。弟さんを亡くされた場所に行って、花を手向(たむ)けてもらえませんか。その映像を、3月11日に放送したいので』だって。ごめんなさい、って断った」

そして続けて言いました。

「だんだん慣れてきたけど、断るのも大変よね」

と。こんな風に気を遣わせるなんて、報道とは何で、誰のためのものなのだろうと考えさせられます。

気仙沼の友人がテレビの取材を受けたときのことです。

「くよくよしたり、国に文句言ったりしたって、しょうがねぇんだよ。俺たちが日々がんばるしかねぇんだ」とカメラに向かって熱弁をふるっていたのですが、バッサリとカットされ、まったく放送されていませんでした。残念ですねぇ、せっかくいいこと言ってたのに、と言うと彼は、

「俺いつもカットなんだよ（笑）。被災地では、明るいコメントはカットされるからさ」

と笑っていました。彼だけでなく、似たような話はよく聞きます。

テレビのニュースを観ていて被災地の報道になると、違和感を抱くことが少なくありません。そこには私が気仙沼で日々接しているような、仮設住宅のおんぼろさを笑いのネタにし、国に文句言っても仕方ねぇんだと息巻き、いいセーターを編むぞと腕まくりしている、明るくてたくましくて面白くて前向きな人たちが、ほとんど出てこないからです。

テレビの報道だけで被災地を見て、「大変そうだなぁ」とか「悲しくて暗い場所なんだろうなぁ。自分はなんの力にもなれないし、いまさら行かれないなぁ」と思っている人は、よかったらどうぞ、なにも気にせず一度遊びにいらしてください。美味しいもの目当ての観光でいいのです。現場は報道で見るよりも、ずっと明るくたくましいです。きっと、少しほっとすると思います。それに、友達ができて、また来たくなるかもしれない。なにしろ面白い

人たちがたくさんいます。そういう自然な交流が生まれていった方が、東北はずっと元気になると思うのです。

気仙沼で起業することのメリット・デメリット

「震災後に気仙沼で会社を起ち上げる」というと、条件が極めてよくないところで起業にチャレンジしている印象があります。震災後というタイミングはいかにも大変そうですし、気仙沼という場所も都心から離れていてビジネス上有利なようには見えません。

たしかに気仙沼ニッティングは「そこにビジネスチャンスがあるから始めた」という事業ではありませんでした。でも実際にやってみると、むしろ「気仙沼だったからこそできた」と思うことが多いのです。まったく同じ「手編みのセーターやカーディガンを届ける」という事業を東京で始めていたら、果たしてこのように軌道に乗せることができただろうか、とも思えます。

これから、地方で起業をしようという人のために参考までに、気仙沼で起業をして感じた、ビジネスをする上でのメリット・デメリットをまとめてみます。

メリット1　周りの人に助けてもらえる

まず気仙沼という街で起業してよかったことは、地域のみなさんにとにかく助けてもらえることでした。編み手を探していると言えば、「あぁ、○○さんちの奥さんが編み物得意だよ。今度話してやっから」と紹介してもらえる。今度、子どもの編み物教室を開きたいんだけどどうやって告知しよう、と迷っていると、「三陸新報の記者の○○くんに頼めばいいよ。俺電話しとくから」と、これまたすぐ紹介してもらえる。困ったことがあれば、友人や知り合い、近所の人がなにかと助けてくれて、一人で途方に暮れるようなことにはなりません。編み手さんたちも社員やインターンのことをよく気にかけてくれて、引っ越してきたばかりの高村ちゃんなどは、「気仙沼の冬は寒いでしょ?」と、ホットカーペットやらテレビやら、なんでも編み手さんに貸してもらっていました。

私自身も気仙沼の斉吉商店さんに下宿させてもらい、仕事で困ったときはなにかと斉吉のみなさんに相談しています。会社を始めたばかりのころは、物もネットワークも何もないので大変ですが、こうして親身に助けてくれる人が街中にいるというのはなにより心強いことです。

メリット2　多くの人にとって未知な分、興味を持ってもらいやすい

気仙沼という土地は、日本の多くの人にとっては、行ったことがない未知の場所です。知

らない分、「どんな場所なんだろう？」と想像がふくらみ、ある意味外国のようなエキゾチックさにつながり、興味を持ってもらえる。それも気仙沼で事業をする上でよかったことのひとつです。

気仙沼のお店まで遊びに来てくださるお客さんも多いのですが、たとえば同じ事業を東京近郊でやっていたらここまで大勢の方が遊びに来てくれただろうかといえば、正直あまり自信がありません。やはり、「気仙沼って東北の港町というけれど、どんな街だろう」「そんな港町で編まれているニットってどんなものだろう」というワクワク感や「気仙沼、行ったことないから行ってみたい」「美味しいものもいっぱいありそうだし、面白そう」という好奇心から、気仙沼ニッティングを見ていてくれる方は多いのです。大抵の情報はインターネットで得ることができ、なんでも手に入りやすくなっている時代に、「コモディティではないこと（どこでも手に入るものではないこと）」はかえって強みなのかもしれません。遠いところや、あまり人の知らない町というのは、「不便」とか「辺鄙（へんぴ）」などとネガティブに捉えてしまいがちですが、むしろ価値になるのです。

メリット3　賃料が安い（店舗をつくるなど、新しいことにチャレンジしやすい）

また、実質的なメリットとしてはやはり「土地代の安さ」が挙げられます。事務所を借りるにも店舗をオープンするにも、賃貸料が東京などに比べてずっと安いのでハードルが低い。

そのため「うーん、どれぐらいお客さん来るかわからないけど、ものは試しだ。お店、開いてみよう！」などと新しいことにもチャレンジしやすいのです。気仙沼ニッティングのメモリーズは海の見晴らせる丘の上にあり、広さは90平米ほどですが、実は家賃は数万円程度です。東京でお店を開こうと思ったら賃料も高く、それなりの売上が見込めないと踏み切れませんが、数万円の賃料であれば「よし、やってみよう！」と挑戦できます。また、メモリーズの場合は建物の半分だけ店舗に使い、残り半分は在庫置き場や商品の梱包スペースに使用しているため、それだけでも家賃分の機能は果たしているようなものです。この地代の安さは、新しいことへのチャレンジにつながっています。

メリット4　地域の街の中で存在感を持ちやすい

気仙沼は人口7万人弱で、世帯数は2万6千ほどです。これぐらいの規模の街だと、気仙沼ニッティングのように新しい会社でも、すぐ街の人たちにその存在を知ってもらうことができます。特に気仙沼の場合は、前に地域密着ぶりをご紹介した『三陸新報』で、街のニュースがあっという間に広まるのです。

この三陸新報は気仙沼の全世帯の75％が購読しています。気仙沼市内で三陸新報に次いで多く読まれている河北新報（宮城県全域で読まれている新聞。全国のニュースが掲載されており国際面もある）は25％の購読率ですから、気仙沼においてはいかに三陸新報が圧倒的な強さを誇るかがわかります（ちなみに、読売新聞や朝日新聞の購読率は4～5%です）。

そして、この三陸新報の確固たるポリシー「気仙沼市と南三陸町のニュースだけを掲載すること」により、気仙沼市と隣町である南三陸町以外で起こっていることはいかに大きな事案でも一切掲載されません。市内で圧倒的に購読されている新聞が地域のニュースに特化しているということは、そこにひとつの情報世界が形成されている状態です。気仙沼で起こっていることは、小さなことでもあっという間に共有され、一方全国で起こっていることはテレビニュースで取り上げられたものでない限りあまり地域に入ってきません。ちなみに、三陸新報のように特定の市町村だけで配られる地元密着型の新聞が他紙に比べ圧倒的に読まれている地域というのは珍しく、東北6県の中でも秋田県大館市（北鹿新聞）や青森県八戸市（デーリー東北）など、数えるほどです（参考：東北折込広告協議会）。

さて、話が少しそれてしまいましたが、強い地元紙があり地域の情報がしっかり共有される気仙沼では、気仙沼ニッティングのような小さな会社でもすぐにその存在を認識してもらえます。法人化して迎えた最初のお正月に、三陸新報の一面で「気仙沼にできた新しい会社」として取り上げてもらってからは、ふらっと入ったお店で「お、ニッティングの社長だね」を声を掛けられることが多くなりました。編み手の募集をするときや、お店をオープンするとき、子どもの編み物教室を開催するときなど、三陸新報で紹介してもらえばすぐに街中に知れ渡り、興味のある人が集まってくれます。近所のカフェでコーヒーを飲んでいると、隣のテーブルのおばちゃんグループが、

「最近、手編みの会社ができたらしいね」

「私もむかし編み物たくさんやったんだよ〜。編み手やらせてもらえるべか」

「だれ〜（なに言ってるの）、仕事だもの。うーんと上手くないとできないんだよ〜」

といった会話をしているのを耳にすることもありました。

大きな街で始めたら埋もれてしまうかもしれない小さな会社でも、気仙沼という街ではすぐに「うちの街に、編み物の会社がある」と認識され、興味のある人が自然と集まってくれる状況にあるというのは、ありがたいことでした。

デメリット1　大消費地から遠い？（売るのが大変？）

気仙沼、もしくは気仙沼のように都会から離れた地方の街でビジネスをする上で、デメリットの筆頭に挙げられやすいのが「大消費地から遠い」ということではないでしょうか。これは「大消費地でこそモノが売れる」という前提に立ち、そこから離れた地域でビジネスを行うのは不利であるという考えなのだと思います。私も気仙沼ニッティングを始めるときは漠然と想像して、「大変な条件だなぁ、これは」と覚悟していました。ところが、実際に気仙沼ニッティングを始めてみると、特段この点を不利には感じないのです。

まず、インターネットがあれば全国に情報発信をすることができ、気仙沼にいながら日本中・世界中の人を相手に商売をすることができます。気仙沼ニッティングは最初4着のカーディガンの注文をインターネットで受け付けるところから始めましたが、お客さんは全国の地方に住んでいる方が多く、そうした方々にとってもインターネットでの販売は便利です。インターネットのないころであったら、モノを販売しようと思ったらまず「大消費地」に向かったのでしょうが、距離を越えて人がつながり、物のやりとりができるようになった現代においては、地方の会社と地方のお客さんが直接出会うこともできるようになりました。地方で事業を始めることのデメリットは、ぐっと小さくなっています。

情報だけでなく、物流の発達も地方でビジネスをすることのハードルを下げています。宅配便を使えば1日で荷物が届く時代です。たとえば、東京に急いで荷物を送りたいときも、夕方の18時に気仙沼から荷物を出せば翌朝には東京に届きます。モノのやりとりにおいても、気仙沼に会社を置いていることで不便に感じることは特段ありませんでした。

ただし、自分たちが「市場の感覚」を失くしてしまわないようには、いつも気をつけていようと思っています。いまはどんな服がどんな価格帯で売られているのか、街を歩く人はどんなものに目を留め、なにに心惹かれ、暮らしの中ではどんなことを大切にしているのか。そうした感覚が、小さな街にいて限られた人たちにしか会わない生活をしていると、偏ってくることがある。この点はいつも気をつけていなければいけません。

よく地方発の商品で、「うちの街自慢の○○をつかったスイーツです！」とか「○○名産の魚でつくったハンバーグです」などと売り出されている商品が、あんまり美味しそうに見えないことがあります。これは、作り手が「お客さんの目線」を失ってしまい、自分の都合で商品を考えてしまっているから起こることではないでしょうか。「うちの街名産の○○を推したい」というのは、地域に貢献するいい発想のように聞こえますが、お客さんにとっては「知ったこっちゃない」ことかもしれません。お客さんはきっと、ただ美味しいものが食べたい。もちろん大都市でもありえることですが、お客さんから遠いところで商品を考えると、こういう落とし穴にはまりがちだと思います。地方でビジネスをする上で不利になる点は、市場の感覚、お客さんの目線を忘れがちになることだとも言えます。

ただこの点は、努力でかなりの部分どうにかなることでもあります。地方に拠点を置きながら、魅力的な商品を出してお客さんの心をつかんでいる会社はたくさんある。そうした会社はきっと、自分の足で歩いて回り、お客さんはどんな人なのか、どんなものに心惹かれ、なにをよろこんでいるのかしっかり見て、それを次の商品やサービスにつなげているのでしょう。気仙沼ニッティングも、いつもお客さんの目線を忘れない会社になりたいと思っています。

デメリット2　人が少ない？（働き手の確保が難しい？）

メリット	デメリット
1．周りの人に助けてもらえる 2．多くの人にとって未知な分、興味を持ってもらいやすい 3．賃料が安い （店舗をつくるなど、新しいことにチャレンジしやすい） 4．地域の街の中で存在感を持ちやすい	1．大消費地から遠い？ （売るのが大変？） 2．人が少ない？ （働き手の確保が難しい？）

よく、地方の街は人口が少ない上に人口流出と高齢化が進んでいるため企業にとっては働き手の確保が難しい、ということが言われます。たしかに企業の視点から見ると、そもそも人口の少ない街は、大きな都市より「うちの会社にぴったりの人」をみつけるのは難しいですし、さらに人口減少しているとなると働き手の確保はより困難になるでしょう。

　でもこの問題は、「働く人」の視点に立って見るとまた違って見えます。小さな街ではそもそも会社の数も種類も少なくて、働くにも選択肢が限られている。たとえば気仙沼で仕事をする場所といえば、水産加工会社かホテルか飲食店などが大半です。そうすると、これらの仕事でちょっとでも条件があわないと、働きたくても働くことができない。特に介護や育児などで働ける時間に制約があって働きに出られない人は多くいるように思います。

　本章の「フレキシブルな働き方で、人は集まる」にも記しましたが（166頁）、だからこそ、小さな街で、それまでになかった働き方を提供し、魅力的な仕事を生むことができれば、そこで働きたいと言ってくれる人はちゃんといるのだと思います。人口減少しているからこそ、会社はますます人を大切にする必要がありますし、「働きたいと思われる職場」に人が集まる。

気仙沼で事業を行うメリットとデメリットをまとめてみると、あることに気がつきます。それは、デメリットのほとんどは自らの努力でどうにかなることであり、メリットの多くは、努力しても得られないものであるということです。

大消費地から遠くお客さんの感覚をつかみにくいのなら、自ら足しげくお客さんのいるところに通ってしっかり観察すればいい。人が少なく働き手の確保が大変なら、より魅力的な仕事をつくれるよう働き手の声をよく聞いて仕事を設計すればいい。デメリットは、ちゃんと健全な努力をすればどうにかできることのように思います。

一方、周りの人のサポートや、お客さんが「行ってみたい」と思える地域であること、土地代の安さや街の人にすぐ知ってもらえるという利点は、なかなか自分たちだけの努力で得られるものではありません。

たとえば気仙沼ニッティングを東京で始めても、やはり「難しかっただろうなぁ」と思うのです。もともと気仙沼ニッティングは、「気仙沼という立地が有利だから始めた」という事業ではありません。むしろ東京生まれで気仙沼ほどの大きさの街の感覚があまりなかった私は、相当大変だろうと覚悟をしていました。それがふたを開けてみると、気仙沼だからこそどうにかなったということの方が多い。やってみないとわからないとはよく言いますが、気仙沼ニッティングはまさにそういうチャレンジです。

小さきものの戦略

人口の少ない地域は、小さいものなりの戦略を持つ必要があるということは、気仙沼に来る前に仕事をしていたブータンで学んだことでもあります。

２０１０年、私が首相フェローという立場でブータン政府に勤め、観光産業の育成にあたっていたときのことです。上司だった当時の長官と、ブータンが力を入れていくべき産業について議論していた際、彼はこんなことを言っていました。

「人口70万人のブータンは、インドと中国という人口10億人を超えるふたつの大国にはさまれている。だから、マス・セグメントを狙った産業を展開してもブータンに勝ち目はないんだ。インドや中国が大量生産した方がコストも下がるし、広く販路を持って普及もさせやすい。ブータンのような小国が生き残るには、付加価値の高い商品やサービスを提供し、ハイエンドな市場で勝負するしかない」

同時に「高級時計を作れるスイス人などと違って、自分たちは決して手先が器用ではない」と認識するブータンの人は、製造業には進出せず、観光産業に注力しています。それも「価格は安くしないが、来てくださった方に最高のおもてなしをする」という方針で、観光客には専属ガイドやドライバーがついて国を案内するという独自のシステムをとり、観光客は「国のゲスト」として大切に扱われます。

「幸せの国」として知られるブータンは、実は、小国として生き残っていくためにこれだけたくましく賢明な産業戦略を持つ国なのです。

小さいからこそ「安さ勝負では生き残れない」という状況は、小国ブータンに限らず、日本の多くの地域にも共通することではないでしょうか。日本も、地方こそ「価格を下げるより価値を上げることを考える」、「つくれるものをつくるのではなく、本当にほしいと思われるものをつくる」といったことが求められるのかもしれません。

編む人にこそ経営の話をする

「編み会」の冒頭は私から編み手さんたちに話をする時間です。内容は、おもに事業の概況について。「先日の販売会では、この商品がこれだけ売れました。この色は人気で、こちらの色はあまり動きませんでした」と販売について話すこともあれば、お客さんの声を紹介することもあります。「このシーズンはこういうことに力を入れていきたい」という方針を話すこともあれば、「今期は売上いくら、利益はいくらでした。でもこの売上にはこういうものも含まれているので、純粋なセーター・カーディガンの販売だけだとこれぐらいになります」と業績について発表することもあります。会社の経営状況については、なんでも包み隠さず編み手さんたちに話しています。

なぜこれほど会社の状況について伝えるかというと、それは、編み手さんもスタッフも私も、みんな「気仙沼ニッティング」というひとつの船に乗る仲間のようなものだからです。息を合わせてオールを漕がなくては船は前に進みませんし、転覆したらみんな海に放り出されてしまいます。船に乗っている全員が、海の状況、船の向かう先、いまのチャレンジをよく理解し、自分の仕事にあたることが大切です。それにその方が、仕事も楽しいと思うのです。

よく、編み手さんたちと経営状況を共有していると言うと、「そういう話、編み手さんたちはわかってくれるの？」と言う人がいます。ですが、毎週編み手さんたちに話をする中で、「伝わらない」とか「どうしても目線が交わらない」と感じたことはほとんどありません。もしかしたらそれは、気仙沼にはもともと経営感覚が強い人が多いからかもしれません。気仙沼は、みんなが大企業に勤めているというタイプの街ではなく、地元資本で社員が10人以下の小さな会社がたくさんある街です。そしてその多くは、家族や親族で経営されています。ですので編み手さんたちも、実家や嫁ぎ先が会社をやっていて、自分も手伝っているという人が少なくありません。そういう人たちは、たとえば、利益の出せる事業でないと続けられないとか、「つくりやすいもの」ではなく「いいもの」を作らないと売れないなど、商売や経営にかかわる話も、「あぁ、そりゃそうだね」とすっと理解してくれます。もしそういう視点がなければ「編み代をもらえていればそれでよく、私には会社の状況は関係ない」とか「つくりやすい簡単な商品だけつくっている方が楽だ」という気持ちも起きるでしょう。そうなると、みんなで力をあわせてがんばることが難しくなり、会社の経営も大変です。そしていざ会社が倒産してしまえば、みんな仕事がなくなってしまいます。でも、それぞれが会社全体を見る目を持ち、「この仕事を続けるには、会社も続いていく必要がある」とか「お客さんが求めている商品だから、私もこれを編めるようにならなくちゃ」ということまで考えていてくれると、ずっと強い組織になります。実際、私はいつも、そういう広い視野を持った編み手さんたちに助けられ、支えられています。

気仙沼という街の特質もあり、恵まれているだけかもしれませんが、リーダーの立場にある人が組織を引っ張っていくにあたって「なぜみんなわかってくれないのだ」と思うときは、まず、自分が見ている景色と同じ景色を他の人たちも見られるようにしてはどうでしょう。みんながリーダーと同じ全体を見る目を持って仕事に取り組むようになると、組織は少しずつ変わっていくように思います。

7章　種をまき、木を育て、森をつくるような仕事

種をまく仕事

気仙沼に初めて来たのは2011年の秋のことです。建物がすっかりなくなっている街の光景に大きなショックを受けました。海から700メートルほども内陸に打ち上げられた船、2メートルほど沈下した道路、基礎だけ残っている家々。その爪痕(つめあと)から地震と津波の威力を感じざるを得ず、亡くなられた方々の魂が安らかに眠れるようにと祈るばかりでした。

次に訪れたのは数か月後、2011年の冬でした。友人の案内で、気仙沼の街を歩きましたがまだ地震で地盤が沈下したままで、そこらじゅうのくぼみに雨水と海水がたまり、少しどぶのような臭いが漂っていました。

そのときは、最初とは別のことに気がつきました。街にあまり車が走っていないのです。仮設店舗の復興商店街も再開したスーパーも、歩いているのは外から来ている人たちばかり

で、地元の人はまばらです。では気仙沼の人たちはどこにいるのだろうと思ったら、街の中で一番多くの車が集まっていたのはパチンコ屋さんの駐車場でした。仕事がなくやることはないが、先の見えない不安の中で楽しくレジャーに出かけるような気分でもない。結局、家で静かにしているか、パチンコ屋にでも出かけるかということになっていたのでしょう。

「暮らしのサイクルがこわれているんだ」と感じました。その時点では被災して家を失くした人たちの多くも避難所を出て仮設住宅での生活を始めており、また、仕事を失くした人たちは雇用保険の失業手当を受給していました。雨風をしのげる場を得て、月々の生活に必要なお金も入ってくる。見かけ上は、「生活ができる」状態です。ですが、そこには循環がないのです。「いってきます」と言って仕事に出かけ、一生懸命働いてお給料をもらい、そのお金で食材を買ってごはんを作り、家賃を払って生活する。「今月もしっかり働いてくれてありがとう」と言って社員にお給料を払う会社もまた、ちゃんとモノやサービスを売り、利益を上げてまわっていく。そんな当たり前に感じるサイクルが、そのときの気仙沼にはありませんでした。そしてこの流れを取り戻すのは、とても大変なことだと感じました。

実際、震災から4年経った2014年10月に東北経済産業局が発表した資料を見ても、やはり東北の被災企業はまだ完全に復興したとは言いがたい状況です。グループ補助金（被災企業の施設・設備の復旧に支給される補助金）を受けて工場など設備を再建した企業のうち、6割は売上が震災前の水準に達していません。特に被災沿岸部に多い水産・食品加工業に限れば、売上が震災前の半分に満たない企業が3割を超えます。工場を再建しても、なかなか売上が回復しない。工場がなくて商品を「つくれないこと」ではなく、商品をつくっても「売れないこと」が課題になってきています。

壊れた家や道路の復旧は、行政主導でトップダウンでできることです。計画を立て、予算を確保し、進捗管理をしていけば、いずれは達成されるでしょう。ですが、「暮らしのサイクルを取り戻す」ということは、トップダウンで実現できることではありません。

それは、たくさんの人の暮らしや会社間の取引が複雑に絡み合いながら、互いに便益をもたらして成立している生態系を、もう一度つくりあげることだからです。津波で建物が流されて、何もなくなってしまったその土地に、だんだんと下草が生え、小さな木々が顔を出し、また大きくて豊かな森が育っていく。暮らしのサイクルは、そんな風に回復していくしかないのだろうと思います。そしてそのために自分ができることはなにかと考えると、「種をまくこと」でした。自分にできることはあまりに小さいのですが、それでも誰かが種をまかないと芽は出ないのです。

編み手さんの望むこと

気仙沼ニッティングの仕事は、一朝一夕にはいかず、少しずつしか育っていきません。まさに、種をまき、水をやり、木を育てるような仕事です。特に編み物はそれ自体が時間のかかる作業です。一着を編み上げるのに何十時間もかかるので、新しい商品を企画するにも、編み手が練習をして実力をつけるにも、お客さんにお届けする一着を編み上げるにも、時間がかかります。新しい商品のデザインを始めてから届けられるようになるまで、1年近くかかることもあります。つい気が急いてしまうこともありましたが、あがいても手編みのセーターというのはひと目ひと目編んでいくしかなく、近道はありません。なにより、それを一生ものとして着てもらおうと思うと、「いいものを丁寧につくること」をおろそかにするわけにはいかず、地道に一着一着、いいセーターを編んでいくしかないのです。

　あるとき、デザイン雑誌の編集部の方々が気仙沼の店舗メモリーズに取材に来ました。伝統工芸など匠の仕事を紹介するコーナーの取材で、編み手へのインタビューと写真撮影が中心でした。内容は「どのようにサイズを調整しているのか」「一番の難所はどこか」など技術的な質問が中心でしたが、終盤になるとライターの方が「気仙沼ニッティングの仕事に望むことはなんですか？」と聞きました。少し離れたところでレジ周りの仕事をしていた私は素知らぬ顔で仕事をつづけながら、この質問のときばかりは耳をダンボのように大きくして答えを待っていました。質問を受けた編み手さんは、ちょっと考えたのち、

「ずっと、この仕事を続けていたいです」

と笑って答えました。
「自分の生活の中に、この『編む』という仕事がずっとあればいいなと思います。そのためにも、ちゃんと上達して、いろんな商品を編めるようになっていきたいです」
と。他の編み手さんたちもみな口をそろえて「この仕事を続けていきたい」と答えています。

これは、私にとっては驚きでしたし、大切な情報でした。このとき取材を受けた中には、たくさんセーターやカーディガンを編んでしっかり編み代を得ている人もいれば、自分のペースでゆっくり編んでお小遣い程度の編み代を受け取っている人もいました。状況はそれぞれに違います。でも誰からも、「もっとたくさん稼ぎたい」とか「もっと編むのが簡単な商品をつくってほしい」といった答えは出ず、異口同音に「この仕事をずっと続けていきたい」「続けられるようにしてほしい」と言うのでした。また、それを望むからこそ、ちゃんと練習をしてうまくなって、いろんな商品をつくれるようになりたいと。

気仙沼ニッティングを経営するにあたって、編み手さんたちがなにを望んでいるのかを知るのは大切なことでした。たとえば東京の会社でサラリーマンとして働く人に会社になにを望むかインタビューをしたら、きっと、給料を上げてほしいとか、ボーナスがほしいとか、残業を減らしたいとか、もっと休みがほしいといった答えも出てくるのではないでしょうか。この仕事をずっと続けられるようにしてほしい、という答えがこんなに出ることはそうないのではないかと思います。でもそれこそが、気仙沼ニッティングで働く人たちの望むことでした。

気仙沼ニッティングのカーディガンやセーターは、一生ものとして、また子どもの代にまで引き継ぎたいものとして着てくださる方が多い。そうなるとお客さんにとってもまた、気仙沼ニッティングが「続くこと」は大切です。何年も着て、いつか袖がほつれたり穴が開いてしまったりしたときに、相談できる窓口として私たちがいることは大切なことだと思うのです。6章でも書きましたが、毛糸はロットによって少しずつ風合いが異なるものです。いつかセーターの補修が必要になったとき、そのセーターを編んだのと同じロットの毛糸で直せるように、気仙沼ニッティングではこれまで使ったすべてのロットの毛糸を、補修用にとっておいてあります。出番が来るのはずっと先のことかもしれませんが、セーターやカーディガンを末永く大切に着てほしいからこそ、私たちも準備しておきます。

老舗の経営

経営哲学というものは古今東西さまざまあると思うのですが、気仙沼ニッティングを「続く会社」として育てていこうとする中でやはり勉強になるのは、老舗のものづくりの会社のお話です。前に少しふれた虎屋の黒川光博社長とフランスのエルメス本社の齋藤峰明副社長の対談は示唆を与えてくれました。虎屋とエルメスというと、発祥の地もつくっているものも、なにもかも違うのですが、おふたりの経営に対する考え方には驚くほど共通することが多くありました。

まず、経営を捉える時間軸が長い。虎屋もエルメスも、オーナー一族が経営者を継いでいく会社なので、経営者にとって次の代の社長とは、自分の親族や子どもです。そのため、彼らが会社を継いだときに困らないように、いつも次の代のことを考えながら経営しています。そうすると、短期的に利益を生んでも長期的には会社の価値を落としてしまうような施策は打たなくなる。

私は以前経営コンサルタントとして働いていました。当時のクライアントの多くは上場している大企業だったのですが、この虎屋やエルメスの経営の捉え方は、そうした大企業とはずいぶん異なるものでした。たとえば、社長が数年の任期を前提に就任している上場企業では、経営を捉えるスパンはずっと短くなります。株主にとっては「今年配当が出ること」が大事になりますし、社長は「自分の任期中どう業績を上げるか」を考えます。経営企画室が中期経営計画をつくっても、見ている期間はせいぜい5年ほどです。会社の中に、50年、100年の単位で経営を考える役割の人はいない、とも言えます。一方で虎屋やエルメスは、いつも次の代のことまで考えている。10年の計、100年の計を持っているのです。

先日、とあるIT企業の創業社長の方とお話しする機会がありました。小さなベンチャーからスタートし、10年ほどのあいだに会社を急成長させた方です。その方に、こんなことを言われました。

「気仙沼ニッティング、もっと大きな利益を出せるようになりなよ。こういうやり方はどうだろう。『気仙沼ニッティング』という名前はそこそこ知られてきているから、それを冠としてブランド名につける。それで、革小物やアクセサリーなんかを調達してきて、オンラインで販売する。SEO（検索エンジン最適化）とSEM（検索エンジンマーケティング）をガンガンにやり、流入者数を増やす。そうすればいっきにスケールアップができるよ」

たしかにそうすれば1〜2年は売上が急増するかもしれません。しかし100年続く事業には育てられないでしょう。それは、気仙沼ニッティングがこれまで丹念に仕事をすることでお客さんから得てきた信頼を、短い時間で使い切るような話だからです。信頼は、築くには時間がかかりますが、なくなるときはあっという間です。経営を捉える時間軸の長さによって、いまやるべきだと考えることは変わるのでしょう。

私はいま気仙沼ニッティングの社長でありながら株主でもあります。他の株主も、気仙沼ニッティングを一緒に起ち上げた糸井さんなど、ごく親しく、ビジョンを共有している人たちです。これからも、次の社長や編み手、地域の人、会社をよい方向に導いてくれる知恵を持った人など、気仙沼ニッティングの経営に携わってほしい人に株主になってもらうことはあっても、目先の配当や売却益を目的とした株主／出資者を迎えることはないでしょう。お客さんと働く人の幸せを一番に考えた経営をしていくためには、長期的な経営の視点を持っている必要があると考えるからです。

エルメスの副社長である齋藤峰明さんから伺った、心に残っているお話があります。それは、エルメスで人気のバッグ「バーキン」についてです。日本市場においては、エルメスの商品の中でバーキンは圧倒的に人気です。しかし、よく品切れや品薄の状態になっています。もっとつくればもっと売れるのに、それをしない。なぜだろうかと齋藤さんに伺ったところ、こんな話をしてくださいました。

「なんでも偏っているのはよくないんです。この国ではこのバッグだけ売ろう、といったことです。たとえばこれ以上バーキンをつくろうと思ったら、そのために新しく職人を雇ってバーキン専業でつくってもらわなくてはいけない。彼らは他の商品はつくれず、バーキンしかつくれなくなる。そうすると、いつかバーキンの売れ行きが落ちたときどうなると思いますか？　彼らをレイオフ（解雇）しなくてはいけないでしょう。それでは職人を大切にしているとは言えません。エルメスはものづくりの会社で、それを支えているのは職人です。職人を大切にできなければ、必ず会社もだめになります」

この言葉に、世界中から尊敬されるものづくりをするエルメスの矜持を見る思いでした。短期的な売上だけを考えれば、バーキン専業の職人を雇い、バーキンを増産することもできる。でも長期的に考えれば、それではいつか職人を解雇することになりかねず、そういう職場になってしまえば、ものづくりを支える職人の心意気は保てない。世界でこれだけ圧倒的なブランドを築いていてもなお、ここまで誠実に職人に向き合い、いいものをつくることを目指している姿勢にただただ頭が下がり、また、気仙沼ニッティングもそうありたいと共感しました。

幸せになる力

気仙沼ニッティングを取材しに来てくださった記者の方に、「編み手になった人たちは幸せですね」「編み手さんたちはみんな明るいし、救われたようですね」などと言われることがあります。はたから見るとそう見えるのかもしれません。しかし私は、「人生、そんなに単純なものではなかろう」と思ってしまいます。編み手さんたちは、この仕事をしていることで幸せを感じることもあるでしょうが、仕事だけで心のすべてを救えるわけではない。

気仙沼ニッティングを始めたばかりのころの写真を見ると、いまはとても明るく元気な編み手さんが、暗くふさぎこんだ顔をしているのをみつけて、はっとします。そういえば、最初はそうだったのでした。それがどんどん、編み手さんたちの表情が変わって、いまのように活き活きして、編み会も笑いの絶えない場になっていきました。しかしそれが気仙沼ニッティングという会社のおかげかといえば、それればかりではありません。

私は、仕事で救える心の範囲には限りがあると思っています。たとえば、近しい人を亡くしてしまった虚無感や、自分が被災したことへのやりきれなさは、はかりしれません。やりがいのある仕事を得たからといって、すぐに解消するものではない。それまで別々に暮らしていた親族と一緒に狭い仮設住宅の部屋に住むことで摩擦が起きることもあれば、自宅の再建が思うように進まないことによる焦燥感だってあるでしょう。そうした心理的なストレスは、被災した多くの人が抱えているのではないかと思います。そしてその辛さは、震災を直接経験したわけではない私には、想像しようと思ってもしきれないことです。

編み手さんたちは、新たな仕事を得て、編み物に没頭することで、ある程度までは嫌なことを忘れることもできるかもしれません。でもそれは、心のすべてではないのです。気仙沼ニッティングの編み手さんたちが明るく楽しそうに見えるのだとしたら、それは会社のおかげではなく、ひとりひとりがそれぞれの現実と向き合い、気持ちの折り合いをつけ、自ら自分の心を前向きに平穏に保つ努力をしているからに他なりません。みんな、自分で自分の心を幸せにしている。

私が小さなことでくよくよしているときも、編み手さんたちに会うとあまりにも明るく元気で、そのパワーに圧倒されて自分もすっかり元気になる、ということがよくあります。みなそれぞれに、理不尽で大変な状況を乗り越えて、ときには困難を笑い飛ばしながら、自らの心を引っ張り上げているのです。

これは下宿先の斉吉家でも同じです。あるとき、仕事で大変なことが重なって少し気持ちが疲れていた私は、家に帰ると猫のようにストーブの前で丸まってごろごろしていました。

「たまちゃん、お疲れですね」

と言うばっぱに、

「はい。仕事でいろいろあって、疲れました〜」

とつい甘えると、ばっぱはふふんと鼻で笑って、

「よかったですね、それぐらいでないと」

と言ったあと、

「大丈夫、越えられるものしか来ないですから。大変なことがあっても、いかにして自分の心を前向きに平穏に保つかというのが、仕事なんです」

と付け加えました。まったくもってその通りのばっぱの言葉に、「はい」と答えてストーブの前で正座し、背筋を伸ばしたのでした。

あるときご縁あって、仙台市の慈眼寺の塩沼亮潤(しおぬまりょうじゅん)大阿闍梨(あじゃり)が気仙沼ニッティングに来てくださいました。塩沼阿闍梨は、奈良県の吉野の金峯山寺(きんぷせんじ)で、9年の歳月をかけて山の中を歩く「大峯千日回峰行」という修行を満行された方です。この修行を満行したのは金峯山寺1300年の歴史の中でたったふたりだけ。そんなすごい方なのですが、気仙沼ニッティン

グへはたまたまプライベートで見学にいらしてくださっていたので、袈裟（けさ）も着ておられず、カジュアルな格好でした。事務所に入っていらしても、私が紹介するまでみんなその方が大阿闍梨だとはまったく気づかず、がやがやとにぎやかに編み会を続けていたぐらいです（編み手さんたちは「あら、爽やかなお兄さんが来た〜」と思ったそうです）。

それが、紹介を受けた大阿闍梨が前に立ち、「こんにちは」と言ってお話を始められたとたん、その場にいた全員がすーっとそのお話に引き込まれていきました。それは、「人を許すこと」についてのお話でした。静かに深く大阿闍梨のお話に聴き入るみなの表情は、とても穏やかなものでした。大阿闍梨のお話は、心の深部に届き、気持ちを楽にしたのだと思います。編み会終了後、清々しい顔で「今日はありがとうございました」と言って帰る編み手さんたちを見送りながら、塩沼大阿闍梨がいらしてくださったことに感謝するばかりでした。こうして心を楽にするということは、日ごろの仕事の中ではできないこと、社長の私にはできないことでした。

東日本大震災という壮絶な経験をした気仙沼の人たちが、自らの気持ちを明るく保って、笑顔で前に歩いて行く姿には、人間の強さを見ます。私は、そんな気仙沼の人たちから、ただただ学ぶばかりです。

ひとつの会社にできることには限りがあり、また仕事で人の気持ちすべてを救えるわけではありません。そうはわかっていても、やはり気仙沼ニッティングという会社をやっているからには、お客さんも働く人も、かかわる人みんなが幸せになってほしい。だからこそ、できることは精一杯やろうと思うのです。

つつじの山を育てた人

気仙沼市の中心街を抜け、内陸に向かって30分ほど車を走らせたところに、徳仙丈山という山があります。標高は700メートルほど。緩やかな丘陵で、ピクニックにちょうどよい穏やかな山です。遠洋漁業の港町である気仙沼は、漁業、水産加工業、そして観光業にいたるまで主要な産業が海の周りで発達していて、人口も海の近くに集中しています。多くの人が集まりにぎわうお祭りも港の近くで開催され、山側はいつも比較的静かです。それが、年にひととき、この徳仙丈山にたくさんの人が訪れる時季があります。それは、5月中旬から6月初旬ごろ、つつじの季節です。

徳仙丈山には50万株とも言われるつつじが群生していて、5月の半ばになると一斉に花が咲き、山全体が鮮やかな深いピンク色に染まります。山を埋めつくすように咲くつつじの間には登山道があり、山頂まで登ることができます。つつじは人の背丈よりも高く、うっすらと蜜(みつ)の香りの漂う中、登山道の両側にところせましと咲く花の間を歩くのは格別です。山頂にたどりつけば、燃えるように咲く赤い山つつじのその先に、水平線まで見える太平洋を望むことができ、その光景は圧巻です。この季節になると、気仙沼に住む人はもちろん、遠方からも多くの人が徳仙丈山にピクニックに訪れ、この雄大なパノラマを楽しみます。日ごろ海の方を向いている気仙沼の人々も、このときばかりは山に足を運ぶのです。つつじが満開になる季節には、漁に出ている漁師さんも、海から真っ赤に染まった徳仙丈山を見ることができるのだと言います。

この見事なつつじの山がどうやってできたのか。そこにはひとりの存在がありました。佐々木梅吉さんという方です。いまから40年ほど前、木挽き（こび）仲間に声をかけて徳仙丈山のあちこちに自生していた山つつじの手入れを始めました。毎日山に入って下草を刈り、移植をし、たくさん日光を浴びられるようになったつつじはすくすく大きくなって、すばらしいつつじの山に育ったのだそうです。梅吉さんはずっと有志の仲間と活動を続け、つつじの山を育て、２００８年に亡くなりました。梅吉さんが亡くなる前年、登山道の脇に建てられた石碑には、つつじの保護の活動の経緯とともに、梅吉さんの詠んだ歌が6首刻まれています。その中に、こんな歌がありました。

「海原に姿映すか山つつじ　我れ無き後も末の末まで」

漁業と水産業が主要産業で、魚が何トン揚がりいくら値がついたかで盛り上がる気仙沼において、毎日クワとカマを持って山に入り、下草を刈り、つつじを育てる梅吉さんの仕事は、さぞやみんなの目には地味に映ったことであろうと想像します。さらに、梅吉さんは市議会議員でした。漁業関係者など市の有力者が多く務める市議会議員の中にあって、梅吉さんの仕事は、はじめは理解されず、取るに足らないものと相手にされなかったこともあるでしょう。それでも、梅吉さんがつつじの手入れを始めて40年が経ち、その仕事はしっかり花を咲かせ、毎年気仙沼の人々を楽しませ、海にいる漁師からも見えるほどに育ちました。そして、このつつじを見るために多くの人が気仙沼を訪れます。もしかしたら、壮大な戦略や計画についてずっと会議室で議論するよりも、一株一株つつじを植え替え、下草を刈った梅吉さんの地道な仕事の方が、たしかな新しい価値を気仙沼に生み出したのかもしれません。

豊かな森へ

気仙沼ニッティングという会社は、種をまくところから始めて、芽が出て、今はようやくひざ丈ほどの苗に育ったころでしょうか。まだ吹けば飛ぶような小さな会社ですが、たくさんの人に見守られ、少しずつ成長しています。小さな苗木もいずれ育つと人の背丈を超える木になるように、気仙沼ニッティングもまた、種をまき水をやる私たちの背丈を超え、寿命も超えて、健やかにたくましく育つ会社になってほしいと願っています。

そうやって永く続いていくためには、きっと育てる人も代々バトンタッチしていき、会社も環境にあわせて常に変化していく必要があるでしょう。ひとりの人間の器を超える会社というのは、きっとそういうものです。それでも、お客さんと働く人、その両方の幸せを大切にする会社であるという点は、気仙沼ニッティングのＤＮＡとして脈々と受け継がれるものであってほしいと願っています。

震災後の東北に、働く人が誇りを持てる仕事を生み、人の暮らしのサイクルを取り戻す仕事をしようと考えたとき、それはトップダウンで成し遂げるのは難しい類のものであろうと思いました。むしろ、津波で多くが流されてしまったその土地に、種をまき、水をやり、木を育てて再び森をつくるような仕事なのだろうと。それは、佐々木梅吉さんのつつじの山と同じです。

いつか気仙沼ニッティングが、この地に深く根を張って、枝を悠々と世界に広げる立派な木に育ったとき、気仙沼の街全体にまた大きく豊かな森が広がっていますように。

おわりに

震災後、気仙沼の街は「止まって」いました。朝、ごはんを食べて家を出て、仕事をしてお金を稼ぎ、そのお金で食材を買って料理して食べて……。人が暮らすという生活の、そんな循環が断ち切られてしまっていました。いまも、それが完全に戻ったとはいえません。編み物会社ひとつが、それを簡単に変えられるわけでもないと思います。

ですが、私は、この気仙沼にこそ、１００年続く会社をつくりたいと思っています。もちろん人は年を取り、私が一代でなにかしようと思っても、できることは限られています。でも、そこは、うまくバトンタッチをしていければいいのです。この春に、新たにスタッフを雇うことにし、面接をしていたのですが、どんな能力があっても私が「一緒に働くのは難しい」と感じたのは、「気仙沼ニッティングで働くためには、気仙沼に移り住むことも厭(いと)いません」という姿勢の人でした。「住んであげてもいい」という気持ちで気仙沼で暮らすことは難しいと思うのです。街ごと楽しまないと、おそらく本人が辛くなってしまう。なにより一緒に働く気仙沼の人たちが、いい気持ちがしないでしょう。「復興を支援したい」という

だけでなく、自分が楽しいから、気仙沼が好きだから、やる。そうでなくては地域の人とい
い関係を築けないですし、続かないと思うのです。
100年続く老舗を目指すというと、驚く方も多くいます。ですが、いまをがんばるだけ
でなく、次の世代のために種をまきながら進めれば、きっとできることです。
気仙沼での起業は、私にとって大きな挑戦でした。挑戦は続いています。会社を始めて2
年度連続で黒字化できたものの、数年後にどうなっているかわかりません。一方で、次に気
仙沼ニッティングでなにをするか、アイデアはどんどんわいてきます。なにしろ、だれもや
っていないことなので、可能性はなんでもあり、なのです。
新しく考える商品でも同じです。編む当人にとっては、新商品を一から練習するのは大変
なことでもあります。同じものをずっと編み続ける方が楽でしょう。ですが、なにより編み
手自身にとって、単一の商品しか技術的に編めないとしたら、その一品が売れなくなったと
き、その人の収入は途絶えてしまう。ですから、同じものを一定数編んだら、次の商品への
挑戦をしてもらうことにしました。商品自体も新しくし、編み手もそれに挑んでゆくという
サイクルが必要です。編み手自身も次の時期を見据えて新たな挑戦をすることで、全体のサ
イクルに貢献することができるのです。
気仙沼ニッティングという会社を私は、一つの船に乗った仲間だと、たとえることがよく
あります。同じ海を見て、同じ景色を見て、一緒に考えながら、補い合いながら船の舵を切

っていく。ですから、今年は決算書をコピーして編み手さん全員に配りました。「そんなのわかってもらえるの？」と聞かれたことがあります。決算書はたしかに初めて見る人には読みとくのは難しいものの、ちゃんと説明すれば、伝わります。損益計算書と貸借対照表の読み方から始め、会社の状況について順を追って説明していくと、そこはさすが、港町気仙沼の人たちです。自営業が多いせいか、理解が早い上に質問も続々出てきます。一言ももらすまいと説明を聞いて、決算書が真っ赤になるまで赤ペンでメモをとり、こちらが驚くほどです。説明を終えて感想を聞くと、何人もが「借入れがないなんて、すごい」と答えました。ふつう、決算書を見ても最初は売上高に目が行くと思うのです。でも、私と同じ船に乗る乗組員は、会社が借金もなくまわっていることに、なにより安心したようです。ひとりが言いました。

「なにもないところから立ち上げて広がっているなんて、魔法のようですね」

魔法にはしたくないところですが、同じ船の同乗者たちの言葉にはうなずくばかりでした。もしかしたらこれは、家計をやりくりしてきた女性だからこその視点なのかもしれません。地に足がついている感想でした。

最近、仲のいい友人に言われたことがあります。

「1年目の大変なときに、『人のこころは簡単に治らないから待たなくちゃダメだね』って言っているのを聞いて、きっとがんばれるだろうなと思ったよ」

街の復興も会社の未来もまったく見えなかった時期（いまも、多少の光があるくらいですが）に、学んだことがあります。それは、人のこころは簡単ではない、ということです。震災後の気仙沼で、傷ついていない人はいないでしょう。そして、その傷にかさぶたができるにも時間がかかります。それに対してこちらもじっくりと腰をおろして時間をかけないと、人は動き出せないのです。気仙沼は、いろいろなことを教えてくれましたが、「待つ」ことの大切さもまた、私に教えてくれました。


まだまだどうなるかはわかりませんが、気仙沼ニッティングがここまで来るには、たくさんの方にお世話になりました。

まず、3年前に私が気仙沼にやってきたそのときから、ずっと家に下宿させてくれている、斉吉商店のみなさま。じっちとばっぱ、純夫さんと和枝さん、吉太郎くんとえみりちゃん、啓志郎くんにかなえちゃん。いつも家族のように接してくれて、ありがとうございます。昨年新しい自宅を再建するとき、じっちが「たまちゃんの部屋もつくれ」と言ってくれたこと、なによりうれしかったです。それにばっぱ、いつもおいしいごはんをありがとうございます。にぎやかな斉吉のみなさんのおかげで、毎日が楽しいです。

それから、よそ者として気仙沼にやってきた私をあたたかく受け入れてくれた気仙沼の友人のみなさん。本文で登場した、アンカーコーヒーのやっちさん、気仙沼観光タクシーの宮井さん以外にも、名前を挙げ出したらきりがないくらい、大勢の方にお世話になっています。これからますます気仙沼がいい街になっていくように、一緒にがんばりましょう。これからもどうぞよろしくお願いいたします。

そして、一緒に気仙沼ニッティングを育ててきてくれた仲間のみなさん。最初に声をかけてくださって以来、ずっとメンターのように相談に乗ってくれている糸井重里さん、「ほぼ日」のみっちゃん、山下さん、いつも親身にサポートしてくれてありがとうございます。編み物作家の三國万里子さん、三國さんがいなければ気仙沼ニッティングはスタートを切ることすらできませんでした。これからも素晴らしい作品を楽しみにしています。気仙沼ニッティングのスタッフとして来てくれた高村ちゃん、永川くん、梶尾くん、みさちゃん、遠藤さん、伊藤さん、一緒にこの会社を育ててくれてありがとうございます。

それからなにより、編み手さんたち。「気仙沼ニッティング」というのは、みんなのことです。スペースの都合上、この本で全員のイラストを載せられなかったのが残念ですが、お一人お一人に、心より感謝しています。気仙沼に来て、みなさんに出会えて、私は幸せです。どうもありがとうございます。不束(ふつつか)な社長ですが、これからもどうぞよろしくお願いいたします。いい会社にしていきましょう！

また、気仙沼ニッティングという小さな会社の小さな冒険を、このような本の形にまとめ、みなさんに読んでいただけるようにできたのは、ブータンでの顚末(てんまつ)をまとめた拙著『ブータン、これでいいのだ』（新潮社）でもお世話になった新潮社の足立真穂さんのおかげです。仕事に追われてなかなか執筆の進まない私を「内容はもうあります。あとは書くだけ！」と笑顔で励ましてくださり、ありがとうございました。おかげさまでどうにか書ききり、ここまで来ることができました。

ここにあげた方々以外にも、たくさんの方にお世話になりました。この場を借りて、御礼申し上げます。ありがとうございました。

山の道はまだまだ続いており、少し先はまがっていてどちらへ向かうのかは見えません。ですが、一歩一歩、同じ景色を見るひとたちと、冒険し続けていきたいと思います。これからも気仙沼ニッティングをお見守りいただけますと幸いです。

平成27年6月吉日　著者

御手洗瑞子（みたらい・たまこ）
1985年、東京生まれ。東京大学経済学部卒業。マッキンゼー・アンド・カンパニーを経て、2010年９月より１年間、ブータン政府に初代首相フェローとして勤め、産業育成に従事。帰国後の2012年に、宮城県気仙沼市にて、高品質の手編みセーターやカーディガンを届ける「気仙沼ニッティング」の事業を起ち上げて、2013年から代表取締役に。著書に『ブータン、これでいいのだ』（新潮社）がある。好きなものは、温泉と日なたとおいしい和食。

気仙沼（けせんぬま）ニッティング物語（ものがたり）
いいものを編（あ）む会社（かいしゃ）

2015年８月20日　発行

著者　御手洗（みたらい）瑞子（たまこ）

発行者　佐藤隆信
発行所　株式会社新潮社
〒162-8711 東京都新宿区矢来町71
電話（編集部）03-3266-5611
　　（読者係）03-3266-5111
http://www.shinchosha.co.jp
印刷所　錦明印刷株式会社
製本所　加藤製本株式会社

ISBN978-4-10-332012-8 C0095
価格はカバーに表示してあります。